ESSAI

D'AMPÉLOGRAPHIE.

ESSAI

D'AMPÉLOGRAPHIE,

OU

DESCRIPTION DES CÉPAGES

LES PLUS ESTIMÉS DANS LES VIGNOBLES DE L'EUROPE DE QUELQUE RENOM.

Par l'Auteur

DE L'EXPOSÉ DES DIVERS MODES DE CULTURE DE LA VIGNE
ET DES DIFFÉRENTS PROCÉDÉS DE VINIFICATION.

> Ne serait-il pas plus utile de savoir quelles
> sont les espèces de raisins qui donnent les
> vins exquis du Cap et de Tokai, que de
> connaître tous les lichens d'Epping-Forest
> et toutes les mousses de l'île de Whight?
>
> D. SIMON ROXAS CLEMENTE, *bot. esp*

Prix . 3 fr. pris à Tours.
3 fr 50 c. franc de port.

A TOURS,

CHEZ LES PRINCIPAUX LIBRAIRES,

ET CHEZ L'AUTEUR, A LA DORÉE, PAR CORMERY.

1841

AVANT-PROPOS.

C'est pour satisfaire à l'impatience de quelques amateurs de la vigne que je me décide à livrer au public cette première partie d'un ouvrage annoncé depuis longtemps; c'est aussi pour me soustraire aux reproches d'un ampélonome du midi à tous les collecteurs de plants de vigne, qui ne font, dit-il, ces collections que pour leur agrément personnel et non pour l'utilité publique.

J'ai pensé avec quelque raison que ce trait était dirigé contre moi, puisque j'avais annoncé cet ouvrage dans le compte-rendu de la mission en Hongrie, dont M. le ministre de l'agriculture m'avait honoré en 1839. Le fléau dont ma commune avait été frappée, cette même année au 18 juin, a eu pour effet d'interrompre pour deux ans mes observations; or, quand les sujets m'ont fait défaut, quand ils ont cessé de poser, comment m'eût-il été possible de les décrire?

J'ai donc fait preuve de bonne volonté en livrant

dans cette première partie mon chapitre sur les cépages de la Hongrie, et en cela mon désir de mon-
trer que ma mission avait porté quelques fruits y est
entré pour quelque chose. D'autres manifestations
du bénéfice de cette mission se produiront dans la
prochaine publication de mon *Exposé des divers
modes de culture de la vigne* et *des différents procédés de vinification,* etc. C'était un devoir de ma
part envers les deux Sociétés d'agriculture de Bordeaux, celle d'Indre-et-Loire et l'Académie royale
de Metz, qui ont appuyé dans le temps sur les motifs les plus honorables la proposition de cette mission en Hongrie.

Puisse donc cette première partie répondre aux
sentiments de bienveillance dont la manifestation a
été un encouragement si puissant à me faire poursuivre le but que je m'étais proposé!

J'espère pouvoir donner l'année prochaine la seconde et dernière partie, si toutefois cette année-ci
se comporte bien. Je n'ai rien négligé de ce qui est
dans les efforts humains; mais il faut que le ciel les
seconde. Je me bornerai, dans cette première partie,
à joindre à mon chapitre sur les cépages de la Hongrie, un échantillon de ma manière de traiter des
cépages mieux connus de moi, et que j'ai eu le temps
d'étudier.

Le suffrage d'une société qui réunit les hommes les plus éminents par leurs lumières sur les diverses branches de l'agriculture, m'a paru trop honorable pour avoir besoin de m'excuser d'avoir placé en tête de cet ouvrage le rapport fait par la commission chargée de l'examen du manuscrit, et composée de MM. Vilmorin, et O. Leclerc-Thoüin, ce dernier rapporteur.

RAPPORT

FAIT

A LA SOCIÉTÉ ROYALE ET CENTRALE D'AGRICULTURE,

Dans sa séance du 16 décembre 1840 *.

———•••———

Conformément à la promesse qu'il avait faite en vous transmettant, l'année dernière, le prospectus manuscrit de son *Ampélographie*, M. le comte Odart vous adresse aujourd'hui la première partie de ce travail, auquel il a donné pour épigraphe une phrase traduite de don Simon Roxas Clémente : « Ne serait-il pas plus utile de » savoir quelles sont les espèces de raisins qui produi-» sent les vins exquis du Cap et de Tokai que de con-» naître tous les lichens d'Epping-Forest et toutes les » mousses de l'île de Wight? » Sans chercher à établir ici une comparaison entre deux choses que le digne Espagnol, en sa qualité de gourmet, voyait sans doute d'un tout autre œil qu'un cryptomagiste buveur d'eau, et à rabaisser l'étude des espèces sauvages pour arriver à l'éloge de celle des races culturales, nous pensons, avec don Simon et votre honorable correspondant, que c'est

---

* Je me suis seulement permis d'en retrancher les citations qu'on retrouvera dans l'ouvrage.

une tâche éminemment utile de propager la connaissance des bonnes variétés de cépages, et nous com-
mençons par remercier M. le comte Odart de l'avoir entreprise.

En effet, ainsi qu'il le rappelle dans ses considérations
préliminaires, en jetant un coup d'œil rapide sur les ouvrages antérieurs à celui dont vous nous avez chargé
de vous rendre compte, le sujet est à peu près neuf en
France, et cependant sur aucun autre point du globe il
ne peut avoir autant d'importance économique, autant
d'à-propos national.

Dans un premier chapitre, l'auteur démontre facilement combien il y a d'exagération dans l'opinion des écrivains qui attribuent au climat la propriété de créer, en
quelque sorte, des variétés nouvelles en les ramenant
toutes, peu à peu, vers une sorte de *type local*, produit
incompréhensible d'effets météorologiques, qu'il faudrait
ainsi considérer comme différents partout où se sont per-
pétués des cépages différents. Une telle opinion croule
d'elle-même en présence d'une multitude de faits et du
plus simple examen physiologique des variétés végétales
fixes, transmissibles ou non transmissibles de semis,
puisque, dans aucun cas, les conditions extérieures de
leur développement n'ont eu assez de puissance pour
annuler les caractères internes préexistants dans le
germe.

Il est vrai que, sans cesser d'être botaniquement les
mêmes, la plupart des plantes cultivées peuvent éprou-

ver des modifications dans le cours de leur existence in-
dividuelle sous l'influence de climats différents ; que telle
espèce de raisin, par exemple, mûrit moins bien sous
une latitude que sous une autre, parce que sa maturité
est tardive ; que tel cépage redoute davantage les effets
de la gelée, parce qu'il est plus *précoce à la pousse;* que
tel enfin donne, selon les localités, des grappes plus ou
moins volumineuses, etc., etc.; ce sont là de ces vérités
que M. le comte Odart se garde bien de nier. Beaucoup
d'exemples sont offerts à l'appui de la diversité des modifications opérées par le changement de climat, et, en
définitive, pour les œnologues qui douteraient encore de
la puissance combinée de la nature propre des cépages
et du climat, sur la valeur des produits viticoles, qui
attribueraient à l'une ou à l'autre une influence excessive, et qui, dans la seconde persuasion, persisteraient à
nier l'utilité des essais qui ont pour but l'introduction, dans
certains vignobles, d'espèces appartenant à des vignobles
plus distingués ; pour tous ceux-là, disons-nous, le travail
de M. le comte Odart sera concluant, puisqu'il repose sur
des observations confirmatives d'autres observations
également authentiques et desquelles il résulte que, sous
le ciel de Tours, comme sous celui d'Avignon, de Nîmes,
etc., on a obtenu, de cépages étrangers, des vins qui
n'étaient plus, il est vrai, précisément les mêmes que ceux
de la localité d'où l'on avait extrait les crossettes, mais
qui conservaient une qualité différente et préférable à
celle des vins les plus renommés du cru.

Il fallait démontrer cette vérité fondamentale pour justifier la publication d'une ampélographie. L'auteur a cru devoir faire plus : en faveur des variétés à maturation tardive, il a abordé la question du refroidissement graduel du globe, et loin d'adopter les opinions émises à ce sujet par divers savants, il démontre que la température actuelle, si elle n'est pas moins froide que celle des siècles passés, n'est pas du moins plus rigoureuse....

L'auteur cite beaucoup de faits, curieux à noter sous plus d'un point de vue, et dont le lecteur lira avec un vif intérêt le développement dans le travail original, qui ont contribué à baser l'opinion de M. le comte Odart. A notre avis, ils ne sont pas, toutefois, entièrement concluants ; il ne nous semble pas suffisamment démontré, par exemple, que l'extension prise dans les Gaules par la culture de la vigne, à l'époque des défrichements, n'ait été une suite naturelle de ces défrichements mêmes qui ajoutaient à l'étendue des terres cultivables ; — que la moindre humidité de l'atmosphère n'ait pas agi plus directement sur la maturation que l'élévation supposée du thermomètre. De la grande rigueur de certains hivers on ne peut rien déduire sur la température moyenne des saisons.... Nous sommes peu surpris que les citronniers, les oliviers, dont la végétation hivernale est beaucoup plus active en Italie qu'en France, y redoutent parfois des gelées beaucoup moins fortes.... Enfin, de telles bizarreries, ne pussent-elles s'expliquer que d'une seule manière, nous dirions encore que des faits contradictoires, dont nous citerons quelques-uns seulement, viendraient compliquer la question, et commander le doute. On sait, par des actes parfaitement authentiques, qu'il existait autrefois en Islande des champs de céréales là où la propagation de ces plantes est jugée impossible aujourd'hui...La *Gallia christiana* est pleine de passages qui attestent que la vigne était cultivée assez en grand au cœur même de la Normandie : près de Brionne on connait la *Côte du vigneron* ; près Saint-Pierre de Cormeilles, *le bois de la Vigne*.... Hontroy, seigneur de Pont-Audemer, donna un vignoble à l'abbaye de Saint-Léger, dans la commune de Saint-Michel-des-Préaux... ; Guillaume le Conquérant en donna un aussi à l'une des abbayes de Caen.... A l'autre extrémité de la France, la culture des oliviers recule vers le midi plutôt que d'avancer vers le nord, etc.; mais ces vérités ne doivent pas plus être attribuées à un refroidissement général et absolu de la température que les précédentes ne doivent l'être à une cause contraire. On peut s'être lassé, en Islande, d'une récolte qui ne donnait que des grains à demi mûrs, de même qu'on s'est lassé, en Normandie, de boire de mauvais vin, lorsqu'on y fait d'excellent cidre. A l'appui de cette manière de voir, nous ajouterons que l'un de nous a goûté assez récemment les produits d'un clos de quelque étendue situé non loin de Saint-Lô, dans la commune de Mauffe, où il donne au dix-neuvième siècle, comme il l'eût fait sans doute au douzième, un vin sinon fort bon, au moins potable.

Quoi qu'il en soit, en admettant même que le refroi-

dissement terrestre continuât de réagir du centre à la cir-
conférence, si, comme a cherché à le démontrer Fourier,
1,280,000 années doivent n'apporter d'autres modifications à la surface de notre planète que celle qu'une seconde ferait subir à un globe de même nature d'un diamètre de 0^m, 33, il semble que nos vignerons n'aient pas
beaucoup à se préoccuper, pour le moment, de cette
grave question.

Après avoir étudié les divers modes de classification
des vignes proposés par don Simon Roxas Clémente, Vongok, Burger, Metzger et Von-Vest; après avoir démontré,
en homme qui a patiemment étudié son sujet sur la nature même, combien chacune de ces classifications est
loin de conserver les rapports naturels qu'elles ont pour
but de coordonner systématiquement, et combien il est,
en effet, difficile de mieux faire, l'auteur de l'*Ampélographie* s'est déterminé à ne suivre d'autre ordre que celui des latitudes sous lesquelles les cépages sont particulièrement connus par leur influence sur la qualité du vin :
toutefois, en les groupant, il les a réunis, autant que
possible, par familles.

Au lieu de décrire minutieusement, pour chaque variété, toutes les modifications, grandes ou petites, qui
se présentent de l'une à l'autre, sans considération du
plus ou moins de fixité ou de valeur des traits de dissemblance, il s'est appliqué à faire ressortir seulement
les caractères les plus saillants tirés selon la nature de
chaque cépage, principalement des feuilles , soit dans les

deux premiers, soit dans le dernier mois de leur végétation. Il a pris en considération le contour plus ou moins
entier, plus ou moins découpé du limbe ; la présence ou
l'absence du duvet cotonneux, ou seulement des poils
sur les nervures ; la couleur de celles-ci ; la force des sarments et leur direction naturelle ; la couleur des écorces ;
le *facies* général du cep ; la forme des raisins ; celle des
grains et leur disposition entre eux ; leur couleur, bien
qu'elle puisse accidentellement varier quelque peu sous
l'influence du sol et du climat ; leur saveur et leur consistance ; le *bourgeonnement* plus ou moins tardif ; enfin
l'époque plus ou moins hâtive de maturité.

La Société n'a encore été mise en demeure de se pro-
noncer sur la manière dont sera traitée cette dernière
partie du travail que par quelques exemples qui en font
bien augurer ; mais elle sait que M. le comte Odart a li-
mité sa collection aux cépages les plus estimés des vignobles de France et de l'étranger ; que le nombre de ceux
qu'il a décrits ou qu'il se propose de décrire est ou sera,
par conséquent, assez restreint pour ne laisser que peu
de chances à l'erreur, tout en ne présentant cependant
aucune omission dont la pratique ait sérieusement à se
plaindre, puisqu'il eût été de fort peu d'intérêt pour elle
de voir grossir la liste des bonnes espèces de celle des
mauvaises ou même des médiocres. Nous avons, d'ailleurs,
été à même de juger, d'après quelques exemples détachés,
de ce que deviendront, dans leur ensemble, des descriptions toutes faites ou vérifiées sur le terrain, et nous n'hé-

sitons pas à proclamer d'avance qu'elles acquerront, sous la plume de votre correspondant, toute l'exactitude et l'utilité que peuvent seules leur donner une étude consciencieuse et une confiance méritée.

Pour arriver à l'appréciation du mérite comparatif de chaque variété, c'est-à-dire à l'application finale et comme au corollaire indispensable des connaissances ampélographiques, M. le comte Odart, au lieu de cultiver dans son école des ceps isolés, en a planté un certain nombre de chaque espèce; il les a confiés à une terre à vignes ordinaire, de manière à éviter toute complication provenant de l'action d'engrais surabondants; il pourra donc obtenir annuellement du vin et juger successivement sa qualité. Malheureusement, pour arriver là, il faut du temps encore plus que du savoir; car la nature ne répond qu'une fois l'an aux questions qu'on lui adresse en pareille matière : les années s'écoulent bien vite pour chacun de nous, et il est rare qu'un homme se voue modestement à continuer l'idée d'un autre. Telle est la pensée tristement vraie qui a inspiré les dernières lignes du manuscrit de M. Odart; il craint de laisser incomplet son travail. Nous espérons, messieurs, qu'il en sera autrement. Plus que personne, nous désirons du moins qu'il rencontre dans un lointain avenir un successeur digne de l'apprécier et de mener à fin l'œuvre qu'il a si bien commencée.

ESSAI

D'AMPÉLOGRAPHIE.

Nullam, Vare, sacrâ vite priùs severis arborem
Circà mite solum Tiburis. . . . .

Hor. Ode 18, liv. 1.

BUT DE CET OUVRAGE.

J'ai annoncé à la fin de mon premier ouvrage sur la vigne et la vinification, et dans le compte-rendu de ma mission en Hongrie, un essai d'ampélographie, mot que je n'ai point inventé, puisqu'il formait déjà vers la moitié du dix-septième siècle le titre d'un ouvrage du docteur Sachs de Breslau, avec la seule différence d'une terminaison latine; je viens acquitter cette promesse.

Je comprendrai dans le nombre des espèces de vigne dont je parlerai, non-seulement les plus estimées pour faire du vin, mais aussi quelques-unes dont les raisins mériteraient de paraître sur nos tables, tels que le Caillaba des Pyrénées, le Milhau et le Primaou de Tarn-et-Garonne, les Szierfahnls des Allemands et leur Portugieser, le Ketskeśetsu des Hongrois, etc. C'est une distinction que nous avons trop restreinte, et je les choisirai parmi ceux dont il n'a été fait mention dans aucun livre de jardinage. Je substituerai habituellement le mot *cépage* à ceux-ci, espèce ou variété de vigne, quoique ce mot ne soit pas dans le dictionnaire; mais il est d'usage dans plusieurs traités modernes sur la vigne, et dans beaucoup de vignobles. Du reste, les motifs qui m'ont fait entreprendre cet ouvrage vont se déduire de la revue de nos connaissances ampélographiques.

L'Espagne possède un bon ouvrage d'ampélographie, et j'aurai souvent l'occasion de citer son judicieux et savant auteur D. Simon Roxas Clémente, que je nommerai simplement D. Simon, selon l'usage espagnol. Malheureusement, il s'est restreint aux cépages de l'Andalousie.

L'Italie avait bien quelque prétention d'avoir le sien dès le treizième siècle, celui du sénateur de Bologne Petrus de Crescentiis, et un siècle après celui du Sicilien Cupani, quoique la description de quelques espèces de vignes n'occupe qu'une bien étroite place dans l'un et dans l'autre ouvrage; mais elle en possède maintenant un nouveau tout spécial dont elle peut se glorifier, celui du comte Gallesio, publié avec un grand luxe de figures coloriées qui en a élevé le prix au point d'en interdire la connaissance aux fortunes médiocres.

C'est surtout l'Allemagne qui peut nous écraser de ses nombreux et volumineux ouvrages ampélographiques, sans compter même celui de Sachs, publié en 1661, et qui est plutôt une description de toutes les parties de la vigne ou plutôt une longue et savante dissertation qu'une

description d'un nombre quelconque de cépages. Les
plus modernes, tels que ceux de Metzger et Babo, du pasteur Frege, de Von-Vest, de Vongok, sont plus estimés
dans leur pays, mais ils ne sont pas traduits, et comme
ils sont avec figures coloriées, ils sont tous d'un prix
exorbitant.

En France, celui qui, depuis Olivier de Serres, nous
avait laissé le plus d'éléments de ce travail, était Garidel,
auteur d'une histoire des Plantes de la Provence, publiée
en 1715. Il n'en avait cependant parlé qu'en passant et
botaniquement; ses courtes descriptions sont en latin.
Vers 1780, l'abbé Rozier s'en occupa quelque temps
avec ardeur : son goût ou plutôt sa passion pour les choses utiles lui avait inspiré le projet d'un bel établissement,
au moyen duquel il espérait se mettre en position de
dresser une synonimie de tous nos cépages français, de
donner des caractères distinctifs qui feraient reconnaître
chaque espèce de raisin, de déterminer la culture et la
taille propres à chaque espèce et ses qualités; dans quelles
proportions il faudrait mélanger les espèces pour obtenir
un vin d'une qualité supérieure. Je ne représente pas ici
le tableau des moyens qu'il comptait employer, parce
qu'on peut le trouver facilement dans plusieurs diction-
naires ou cours complets d'agriculture, et puis, parce
que si quelques-unes de ses idées annoncent toujours un
zèle bien ardent, on doit ajouter aussi un peu aveugle,
et un plan d'opérations dont l'exécution était évidemment au-dessus de ses facultés; et, en effet, cette ardeur

fut promptement ralentie par une foule d'obstacles qu'il
n'avait pas prévus, et d'après ce que nous a appris Chaptal, par des dégoûts, des contradictions sans nombre;
aussi, à peine avait-il fondé les bases de son établissement qu'il y renonça. Au commencement de ce siècle ,
Chaptal aussi, qui appréciait bien l'importance d'un
travail de cette nature, nous avait remis sur la voie par
la description qu'il nous avait donnée d'une trentaine de
cépages. A la vérité, la plupart s'en seraient bien passé ,
les uns étant des raisins de table connus de tout le monde,
les autres ayant été l'objet d'une synonimie très-vicieuse.
Comme ses opinions, en ampélographie comme en œnologie , ont servi et servent encore de règle à ceux qui sont
venus après lui, je serai forcé quelquefois de signaler ses
erreurs. A son exemple et par les encouragements que
ses hautes fonctions lui avaient permis de donner à Bosc,
celui-ci fut l'homme de son temps qui s'occupa le plus de
débrouiller la nomenclature des cépages et d'en établir la
synonimie; il l'avait entrepris avec cette ardeur qu'il
mettait à toutes ses investigations agronomiques; il s'en
était même occupé assez longtemps pour traiter ce sujet
ex-professo; mais il a été surpris par la mort avant d'a-
voir réuni en corps d'ouvrage les nombreuses notes qu'il
devait avoir amassées, toutefois si brèves, m'a-t-on dit,
que lui seul aurait pu en tirer parti.

J'ai eu connaissance d'un magnifique ouvrage de l'Allemand Kerner, le plus riche en figures de raisins coloriées
et les plus exactes que j'aie vues; mais il est sans texte;

ce sont de curieuses images, et les noms des raisins y sont cruellement estropiés. Cet ouvrage n'est pas à la bibliothèque Royale, mais seulement dans celle de M. B. Delessert, qui a la générosité de l'ouvrir au public.

Il serait cependant injuste de passer sous silence un ouvrage recommandable dont un chapitre contient la description d'un grand nombre de cépages ou plutôt le dénombrement annoté de 92 espèces ou variétés. Quoique l'auteur de ce chapitre soit Provençal, quoiqu'il se soit aidé des renseignements des frères Audibert, possesseurs d'une très-belle collection, et des phrases latines de Garidel et de celles d'un botaniste du temps présent, Gouffé, il m'est impossible d'admettre que ces descriptions soient d'une grande utilité pour un propriétaire de vignes qui chercherait à reconnaître des espèces inconnues.

Cet ouvrage, qui n'en est pas moins fort important pour l'horticulture, est le *nouveau Duhamel*. L'auteur a fait entrer dans sa première division les trente-six espèces ou variétés décorites autrefois par Dussieux et Chaptal, en reproduisant leurs erreurs et en en commettant quelques autres dans les nouvelles descriptions qu'il nous donne dans sa seconde division, celle qui contient les espèces propres au pressoir.

De plus, j'ai remarqué que l'auteur ne s'était point attaché aux traits vraiment distinctifs; je n'en prendrai qu'un exemple parmi les raisins de table qui étaient le plus de sa compétence : nul cépage n'est plus remarquable que le Chasselas-musqué par ses grosses et longues

2

vrilles, par ses feuilles inégales et tourmentées et par la couleur rose des jeunes pousses ; aucun de ces traits n'est indiqué. Qu'on y cherche aussi le trait le plus caractéristique du *Tibouren* en l'absence de son fruit : c'est bien certainement la profonde découpure de ses feuilles qu'on peut dire laciniées ; on ne l'y trouvera pas non plus. J'ajouterai que ce chapitre des diverses sortes de vigne n'est qu'une minime partie d'un très-grand ouvrage du prix énorme d'au delà deux mille francs.

Ainsi donc, ce sujet est neuf pour nous, sous le rapport du moins de sa spécialité; mais je me suis livré trop tard à cette étude, et les secours dont j'ai pu profiter ont été trop rares pour que la perte d'un grand nombre d'années ait pu être compensée par mon zèle et mon activité, et pour avoir d'autre espoir que d'avoir jeté les bases d'un travail important, désormais facile à terminer.

Importance du choix des cépages.

Si, dans l'exposé que j'ai déjà présenté des divers modes de culture de la vigne et des différents procédés de vinification, j'ai traité mon sujet aussi bien que j'en ai compris l'importance, j'ai démontré que nous pouvions obtenir différentes natures de vin, même de haute qualité, et dans la plupart des sols viticoles, avec des espèces de vigne qui nous étaient inconnues, et qu'il nous était facile maintenant de nous procurer. Ceci n'est donc pas seulement une étude curieuse et agréable ; elle est de plus d'une

utilité incontestable et d'un intérêt qui acquiert de la vi-
vacité à chaque année nouvelle.

L'importance du choix des cépages pour la plantation
d'une vigne a été bien établie par la plupart des auteurs
ampélonomes; je me contenterai donc de rapporter ce
qu'en a dit M. Puvis, l'un des agronomes modernes les plus
haut placés dans l'opinion des agriculteurs : « Une circonstance semble influer puissamment sur la qualité du vin,
c'est la nature du plant que l'on cultive, car c'est bien à
lui qu'on doit attribuer l'abondance des produits et l'é-
poque de leur rentrée; c'est bien encore à lui qu'on doit
la couleur, la spirituosité et en grande partie la saveur
des vins; on ne peut pas douter que cette saveur ne dé-
pende de celle du raisin, n'ait une relation intime avec
elle. »

J'ajouterai à ces considérations qu'il est bien avéré
que plusieurs vignobles ont perdu leur réputation pour
avoir substitué aux anciens cépages d'autres plus féconds;
ainsi s'est éclipsée l'ancienne réputation des vins de Saint-
Pourçain (Allier) pour avoir substitué les Lyonnaises au
Petit-Néran, celle des vins de Coucy (Aine) qui étaient ré-
servés jadis pour la table du roi, etc.; mais aussi, dans
quelques autres vignobles, des observations judicieuses
ont amené les propriétaires au choix de l'espèce la plus
propre à remplir le but qu'ils se proposaient, ou du petit
nombre d'espèces dont l'alliance leur a paru la plus avantageuse : ainsi, quelques propriétaires éclairés dans deux
ou trois départements du midi cultivent avec le plus

grand succès le Furmint de l'Hegy-Allia; dans le Lot, ils s'en tiennent à deux ou trois cépages, la Côte rouge et le Mauzac rouge; en Tarn-et-Garonne, au Fer et au Bouyssoulès; dans mon canton, nous donnons exclusivement la préférence au Côt. Sans doute, on fera toujours bien de conserver les espèces les plus estimées dans le canton qu'on habite, et même de les préférer pour une plantation de quelque étendue; mais en même temps l'essai, sur un petit coin de terre, de quelques plants d'un vignoble lointain de quelque renom, laissera toujours l'empreinte du passage d'un homme de progrès.

Question de la variation des espèces.

Je sais que quelques écrivains d'un grand poids dans l'estime publique, Pline le naturaliste chez les Romains, et de nos jours Dussieux, Parmentier, Chaptal, Lenoir, Bosc, plusieurs autres moins connus ont affaibli cette importance du choix du cépage, en attribuant une influence excessive au climat. Tous les auteurs que je viens de citer ont affirmé, d'après Dussieux, que le changement de climat et même seulement un long espace de temps suffisaient pour créer des variétés nouvelles ou pour opérer sur ces cépages une modification bien singulière, qui serait une véritable transformation, puisqu'elle consisterait à annuler les caractères distinctifs de chacun pour revêtir ceux des cépages du pays, en sorte qu'ils se confondraient ensemble après plus ou moins de temps (aucun n'en a fixé la durée).

Ces opinions sont si différentes de celles qui ont cours parmi nous, studieux observateurs, et ici je me mets à la suite de l'Espagnol don Simon, que je prendrais plus de peine de les discuter, si elles n'étaient pas contradictoires et si le savant ampélographe que je viens de citer, n'en avait complétement démontré la fausseté. Je ne choisirai parmi les nombreux arguments qu'il emploie que les suivants : Il nous dit qu'on voit encore à Rias, province de Grenade, quelques treilles Ataubies qui furent plantées du temps des Maures, et qui ne diffèrent en rien de celles qui sont plantées depuis peu d'années. Il demande s'il n'est pas évident que les Apianæ des Romains, que nous appelons muscats, se sont conservés identiques partout où on les a cultivés, si l'espèce la plus facile peut-être à reconnaître, le Raisin-Cornichon de Paris, n'a pas conservé partout et en tout temps sa forme distinctive ; en Italie, où elle est connue sous le nom de Teta di vacca ; en Espagne, sous celui de Sancta-Paula ; il aurait pu ajouter au royaume de Maroc et dans l'Asie-Mineure, où j'ai appris qu'elle portait le nom Cadin-Barmak (doigt de donzelle), dénomination sous laquelle elle a été décrite, il y a six siècles, par le savant arabe Ebn-el-Beithar. La source de ces erreurs se trouve dans le grand ouvrage de Pline, que la plupart de nos auteurs modernes connaissent bien mieux que ce qui se passe dans nos vignes. Il était per-

suadé que chaque espèce laissait ses qualités dans le pays
d'où on la tirait, et il cite à l'appui de son opinion la
vigne *Eugénienne* qui avait été apportée de la Sicile, et
qui s'était abâtardie partout, excepté au vignoble d'Albe.

Son autorité me semble avoir eu un si grand poids
dans leur esprit, que j'aurais tort de la contester sans
fournir des motifs suffisants. Je conviens que plusieurs
cépages éprouvent par le changement de climat et peut-
être aussi par le nouveau mode de culture auquel on les
soumet, des variations dans leurs habitudes de végétation qui ont pour résultat d'en dégoûter celui qui en
essaie la culture, variations telles dans leur effet, que
cette considération a pu servir de fondement à son opinion : le Granache, le Camarès, par leur difficulté à ame-
ner leurs raisins à maturité, la Balzamina, par son retard
à être en rapport, qui n'a eu lieu qu'au bout de huit ans,
ne se sont pas comportés en Touraine comme ils le font
dans les pays d'où ils ont été tirés. Mais la Malvasia Rossa
de l'Italie, le Mataro et la Claverie des Pyrénées, le
Quillard blanc qui en vient aussi, le Liverdun de la
Mozelle, le Furmint de la Hongrie ont complétement
répondu à l'espoir que j'avais fondé sur eux.

Je ne soutiendrai pas que le Carbenet produirait
ailleurs du vin d'une aussi haute qualité que dans le
Médoc, quoique, sous le nom de Breton, il en donne de
très-délicat en Touraine dans la plaine de Saint-Nicolas
de Bourgueil, et certainement ses caractères princi-
paux, tels que la forme de la grappe, celle des grains

et leur saveur se sont immuablement conservés en Touraine. Je crois bien aussi que la Sirrah ne donnerait nulle
part d'aussi bon vin que sur le coteau de l'Hermitage.
Les vignerons de ma commune disent bien aussi que le
Côt aime notre pays ; mais tous ces cépages ne sont certainement pas indigènes de ces localités, ils y ont été
transportés. D'ailleurs, Pline se contredit évidemment
quand il nous dit dans le même chapitre que les cépages
de la Gaule réussissaient en Italie, et qu'il en était de
même dans la Gaule de ceux de la partie de l'Italie connue
actuellement sous le nom de Marche-d'Ancône. Il cite
même, et si ce n'est pas lui, c'est Columelle, la vigne
nommée alors Biturica, qui était fort recherchée de son
temps ; elle n'avait donc pas laissé toutes ses bonnes qualités dans le Berri. Que quelques cépages s'abâtardis-
sent, c'est-à-dire ne conservent pas leurs qualités, je
ne le conteste pas ; mais il aurait dû ajouter que d'autres
se maintenaient et même gagnaient au changement de
pays, tels que les Aminées auxquelles il reconnaissait ce
mérite, partout où elles avaient été introduites, de produire de meilleur vin que n'en donnaient les cépages du
pays. J'en citerai un exemple parmi ceux nombreux dont
j'ai le choix, celui du Liverdun déjà nommé, peu estimé
vers la Mozelle, d'où il nous est venu, et même traité
avec mépris dans une lettre d'un conseiller à la cour
royale de Metz, qui se conduit dans mon vignoble de la
manière la plus satisfaisante. Combien de cépages tirés
de l'Espagne et de l'Italie ont fondé de réputations dans

nos vignobles du midi, et ont récompensé ces hommes à esprit ardent d'amélioration qui les ont introduits les premiers! le Granache si estimé en Italie du temps de Petrus de Crescentiis (quatorzième siècle), et depuis long-temps aussi en Aragon, d'où il s'est répandu dans le Roussillon d'abord, puis dans nos départements for-més du Languedoc et de la Provence, le Mourvédé du littoral de la Méditerranée, la Picaprulla, le Macca-béo, etc.

Il en a été de même sur les rives du Necker en Alle-magne, où les cépages dont sont peuplés les vignobles de quelque renom rappellent encore les pays d'où ils sont originaires : le Valteliner, le Traminer, l'Ungaris-cher, le Portugieser, etc. Quelques-uns même tirés de l'île de Chypre et de la Perse y ont réussi, selon M. Julien, témoignage dont on ne peut nier la perti-nence, et confirmé depuis par celui de l'auteur allemand Leuchs. Qui pourrait contester que M. de Villeraze, et deux ou trois ans plus tard le général Maurcilhan n'aient rendu un véritable service à leur pays, le premier en y apportant, le second en y envoyant le plant le plus es-timé de l'Hegy-Allia, le Furmint? J'aurais l'argument le plus convaincant à lui offrir, du vin produit par ce plant dans les environs de Nismes. J'avais pris note de quelques autres exemples de l'avantage qu'il peut y avoir dans l'introduction de plants étrangers ; mais il m'a semblé que pour les esprits sans prévention, j'en avais assez dit, et que pour les autres, aucun n'aurait d'efficacité. Je devrais peut-être terminer cette discussion par l'observation de plusieurs propriétaires viticoles de l'arrondissement d'Arles, au sujet de l'introduction de quelques plants étrangers : « Les uns, disent-ils, se sont moins bien comportés que les plants indigènes ; les autres ont donné des productions plus abondantes, et de meilleure qualité. » C'est exactement ainsi que cela s'est passé sur mon terrain.

Mais je suis forcé par la juste considération dont jouit un illustre auteur, et par le poids que toutes ses opinions ont eu dans l'esprit de ses contemporains et de ceux qui sont venus après lui, de combattre une erreur capitale, fondée sur des renseignements inexacts, incomplets et mal expliqués. Voici le sens précis du fait que Chaptal rapporte : une vigne plantée en Lorraine par le comte de Fontenoy, avec des plants tirés de la montagne de Reims, n'en conserva au bout de vingt ans que le privilége de porter le nom de vigne de Champagne ; tous les plants étaient devenus semblables à ceux du pays. Cela ne m'a pas paru aussi surprenant qu'à lui ; car les vignes de tous les propriétaires de l'ancienne Lorraine, qui tiennent à la qualité de leur vin sont composées des mêmes espèces de plants que les vignobles les plus renommés de la Marne : le *Petit-Noir* de la Meurthe est le même que le Plant-Doré des vignobles de Reims ; le *Petit-Gris* ou *Auxerras*, le même que le Fromenteau ; le *Blanc de Champagne*, que l'Épinette-d'Épernai. C'est une explication bien simple, et qui me

semble très-satisfaisante ; car les choses ne doivent pas
s'être passées différemment en Lorraine qu'elles se passent en Touraine. J'ai aussi tiré des plants de Champagne, et le Plant-Doré des Champenois s'est trouvé le
même que notre Orléans ou Petit-Arnoison-Noir ; leur
Épinette, notre Arnoison-Blanc ; leur Fromenteau, notre
Malvoisie ; tandis que depuis plus de 30 ans, que j'ai
des cépages de Granache et de Spiran , le premier n'a
rapproché aucun de ses caractères de ceux de ses voisins ; si j'ai obtenu la maturité des fruits du Spiran, c'est
seulement parce que je l'ai placé dans une terre chaude,
car ceux qui sont restés dans une terre froide ne mûrissent pas mieux la trentième année que la première.
De même une vingtaine d'espèces hâtives des pays
méridionaux, ou de pays plus au nord que le mien, ont
maintenu leur précocité de maturité, ainsi que tous
leurs autres caractères.

Je dois aussi faire la remarque que les plants fins de
Champagne n'entrant en rapport que de six à huit
ans, leur prétendue transformation n'a pas dû apparaître
promptement, et puis que cette transformation aurait été
bien rapide ; à la vérité ce sont de ces observations que les
plus savants sont rarement à portée de faire, et pour lesquelles la possession d'une collection donne de grandes
facilités. Je ne m'avance donc pas trop en affirmant que
les prévisions doctorales de Chaptal sont plus que hasar-
dées, elles sont complétement en défaut. Voici comment
il les exprime : « Supposons qu'un habitant de la Tou-

raine se procure des marcottes de Bordeaux et de la
Champagne, qu'il les plante séparément, et qu'il donne
à chacune de ses nouvelles colonies, les soins de culture
qu'elles auraient reçus dans leur pays ; voyons quels seront les résultats : « les vignes bordelaises mûriront douze
à quinze jours plus tard la première année de leur rapport que les vignes de la contrée, parce qu'elles se seront
trouvées à une température moins chaude, et, par la
raison inverse, les vignes de Champagne amèneront leurs
fruits à maturité douze à quinze jours plus tôt. L'année
d'après, les temps de maturité des unes et des autres
se rapprocheront davantage ; la différence sera encore
moins sensible les années suivantes ; enfin, après huit ou
dix ans, cette époque de maturité, la saveur (et sans
doute aussi la forme) des raisins, tout sera tellement
rapproché que les caractères apparents et la qualité des
produits se confondront au point de ne pouvoir plus
reconnaître ces vignes étrangères de celles du pays. »

J'ai été ce propriétaire de Touraine, qui ai réuni des
plants des vignobles les plus renommés de l'Espagne, de
l'Italie, de l'Asie-Mineure, de la Moselle, du Rhin, etc.; et
j'atteste que rien de ce qu'il a dit ne s'est passé ainsi sur
mon sol. J'ai donné ailleurs des exemples d'autres erreurs
graves de cet homme célèbre, auxquelles il a été entraîné
par son défaut de pratique.

Le sentiment de ces auteurs est nécessairement en
opposition avec celui d'un homme qui a vécu au milieu des vignes et des vignerons, pendant le temps

du moins où il s'est occupé de cette étude, don Simon
Clemente, auteur d'une ampélographie de l'Andalousie, qui est bien ce que je connais de mieux sur cette
matière. Il démontre péremptoirement, ainsi que je l'ai
dit, que ce que nous appelons dégénération ne doit en
aucune manière être confondu avec le changement des
caractères distinctifs : « Car, dit-il, pour qu'une plante
soit dite dégénérée, il suffit au cultivateur qu'elle soit
détériorée dans quelqu'une de ses parties, comme dans
la beauté et la quantité de ses fruits. Or, quel botaniste
affirmera que ces altérations suffisent pour constituer une
variété nouvelle? » Le cépage n'est donc dans ce cas que
déchu de son état normal, et il le doit à la rigueur ou
simplement à la différence du climat, au brusque changement du sol et quelquefois du régime, je veux dire du
mode habituel de culture. — Du reste cette influence du
climat n'a pas de règle fixe, et il sera toujours difficile à
un observateur, exempt de tout esprit de système, d'admettre qu'elle soit aussi absolue que l'ont prétendu plusieurs savants, Buffon, Condorcet, Dussieux, Chaptal,
etc.; et leurs antagonistes MM. de Fage et Dubois qui,
en opposition aux principes des premiers, ont soutenu
l'avantage, même la nécessité du transport des plants du
midi au nord. Celui de leurs arguments qui m'a paru le
plus plausible, est que les plants de Bourgogne et de
Champagne n'ont jamais réussi dans les pays méridionaux, tandis que ceux de l'Espagne, de l'Italie et de la
Grèce, faisaient la gloire et la richesse de cette même zône

de départements méridionaux. Du reste, Cels a prouvé par des faits nombreux que ni l'un ni l'autre système n'était soutenable.

Y a-t-il vraiment un nombre infini de cépages divers?

La conséquence naturelle de l'opinion de Bosc, qui a résumé les idées des savants, soutiens du système de la variation incessante des cépages, est qu'il y en a un nombre infini d'espèces et de variétés, et qu'il s'en crée chaque année de nouvelles; car il énonce positivement cette proposition: « Plus anciennement les plants sont cultivés, plus ils ont voyagé, plus on a donné de soins à leur culture, et plus aussi le nombre des espèces et variétés a augmenté. » Ce principe aurait quelque fondement, s'il avait parlé de la propagation par semis de pépins, mais il laisse entendre suffisamment qu'il n'est question que du mode habituel par crossettes et boutures, quand il attribue cette prétendue création à la différence du climat, du sol, même de l'exposition et du mode de culture. D'un autre côté Cels, homme de connaissances très-étendues et d'un jugement très-sûr, ne croyait pas que le nombre des cépages dépassât deux cents. En outre M. de Jumilhac, auteur d'un mémoire fort bien accueilli de la société centrale d'agriculture, a soutenu avec quelque apparence de raison, que la synonymie de la vigne n'était pas aussi difficile à faire qu'on le croyait communément. Il fondait son opinion sur ce que, dans

chacun des départements viticoles, on ne cultivait guères
qu'une trentaine de cépages, et aussi sur la facilité avec
laquelle il en avait reconnu vingt-un sur vingt-trois,
dont se composait une vigne à cent lieues de Paris, d'où
la terre qu'il habitait était fort peu éloignée. J'ajouterai
à ces deux autorités celle de M. de Ramatuelle du Var, qui
s'est livré à cette étude et a publié plusieurs mémoires ;
et aussi le sentiment de M. de Villèle, père de l'ancien ministre (Haute-Garonne). Du reste elle n'est pas nouvelle,
cette opinion que le nombre des espèces et variétés de
la vigne était beaucoup moins élevé que l'ont pensé
quelques savants ; elle avait été soutenue avant Pline,
qui l'a contredite, par Démocrite, qui connaissait toutes
les vignes de la Grèce, ainsi que nous l'apprend Pline
lui-même, qui, s'étant tracé un cadre immense dans son
Histoire naturelle, n'avait pu faire, comme Démocrite, une
étude spéciale de la vigne, et ne peut inspirer autant de
confiance que l'observateur grec *. Si je me suis senti du

* Cet avantage de plants perfectionnés ou plus exactement d'une qualité supérieure, me paraît ressortir encore d'une expérience à laquelle j'at-
tachais peu d'importance en la commençant : des plants de vigne, que
j'avais fait venir de l'Andalousie, il y a sept à huit ans, étaient réunis
par des liens d'osier ; cet osier était d'un jaune si franc, que je dis à mon
jardinier d'en planter un brin, tout tordu qu'il était, dans un coin de mon
potager, et depuis, je n'y avais plus pensé. Cette année, en me prome-
nant dans ce même potager, j'aperçus dans le fossé une botte d'osier vraiment remarquable, et dont chaque maître-brin était chargé de longs filets
bien minces, et si souples, que le jardinier s'était amusé à faire des nœuds
sur plusieurs. M'étant informé d'où provenait cette curieuse botte d'osier,
mon jardinier me dit que c'était du lien de mes plants d'Espagne, que je

penchant à partager cette opinion des hommes les mieux
en position de bien observer, c'est qu'elle était encoura-
geante au début d'une carrière dont je pouvais apercevoir
le terme; et puis, qu'elle a été confirmée par mes propres
observations.

Indication des divers nombres de cépages désignés dans
plusieurs ouvrages.

Comme il peut y avoir quelque intérêt à trouver ici
réunis et rapprochés les nombres des cépages connus ou
du moins indiqués en divers temps et en divers lieux,
voici ce que j'ai pu recueillir de mes recherches à ce sujet. Caton ne parle que de huit sortes de raisins dans son
ouvrage *de Re rusticâ*; Virgile, de quinze. Columelle en
énumère cinquante-huit, en ajoutant à chaque dénomination une courte description, et en ajoutant, à la fin du
chapitre, qu'il y en a beaucoup d'autres dont il ne peut
fixer le nombre, ni dire les noms avec quelque certitude.
Pline, qui a pu s'aider des travaux de son contempo-
rain, puisqu'il le cite plusieurs fois, en admet quatre-
vingt-trois. Au moyen âge (treizième siècle), Petrus de
Crescentiis, sénateur de Bologne, auteur latin d'un cu-

lui avais recommandé de planter. Comme il est propriétaire dans mon
voisinage, j'ai présumé que cette botte d'osier (dont la valeur n'était seulement pas d'un décime) était une petite réserve qu'il s'était faite, et je
lui ai offert de partager; sur son refus, je l'ai plantée tout entière.

rieux ouvrage sur la vigne, dénomme quarante espèces italiennes, et donne quelques détails sur chacune d'elles. Vers la fin du dix-septième siècle, Cupani donna, dans la même langue, la description en quelques mots, de quarante-huit espèces de vignes, cultivées dans le jardin de Misilmeri, en Sicile. Notre Olivier de Serres avait déjà fait paraître son Théâtre d'agriculture, dont un chapitre consacré à la vigne nous donne quelques notions sur une quarantaine de cépages, et la plupart ont encore conservé leur nom, malgré ce qu'en dit Cels. Garidel, au commencement du dix-huitième siècle, décrit brièvement quarante-six espèces provençales. Le voyageur français Chardin porte à soixante le nombre des espèces cultivées aux environs de Tauris. Basile Hall, officier de la marine anglaise, nous apprend dans le récit de ses voyages qu'on en compte une cinquantaine d'espèces dans l'île de Madère, et un auteur hongrois en désigne quarante-six dans son ouvrage sur le comitat de Zemplin. L'ampélographe espagnol don Simon, qui a donné de bons modèles de description, a traité de cent-vingt espèces cultivées en Andalousie. L'Allemand Kerner nous a donné les figures coloriées de cent quarante-trois espèces, dont les noms sont à demi français; et quant aux Allemands dont les ouvrages n'ont pas été traduits et n'existent même pas en France, je citerai seulement le pasteur Frege, qui en a décrit deux cent-cinq; le conseiller Vongok, près de deux cents, et Metzger, à peu près le même nombre; je ne parle pas du nombre des cépages mentionnés dans les catalogues allemands, hongrois et français, parce que ce sont plutôt des catalogues de noms que de cépages ; par exemple dans celui de M. Rupprecht de Vienne, j'ai reconnu le même cépage sous dix ou douze noms différents.

En outre des systèmes que je viens de combattre, il en est encore un que je ne peux passer sous silence, parce que son effet probable serait de jeter l'alarme dans l'esprit des cultivateurs de vigne, et surtout à dégoûter ceux d'entre eux qui seraient tentés d'essayer des cépages à fruits un peu tardifs. Il me paraît d'autant plus opportun d'en faire justice, qu'une de ses conséquences serait d'affaiblir l'importance de notre travail.

Question du refroidissement progressif de la température.

Si, d'après la plupart de nos savants ; si, d'après l'opinion la plus répandue depuis qu'elle leur a été imposée par celui d'entre eux qui pouvait lui donner le plus de retentissement, M. Arago, sur l'abaissement progressif de la température ; si, sur la foi aux prédictions sinistres d'un professeur d'agriculture de Bordeaux, qui l'a adoptée et en a poussé la conséquence à l'extrême, on éprouvait la crainte, on devait même, selon ce dernier, avoir la certitude d'être forcé de renoncer à la culture de la vigne dans un avenir plus ou moins éloigné, il serait prudent de ne pas propager les cépages à fruits

3

un peu tardifs, car ce sera sûrement par ceux-ci que commencera l'extinction de la culture de la vigne, culture dont les anciennes limites ont été déjà bien circonscrites, et selon eux par cette puissante cause du refroidissement de la température du globe. — Et à ce sujet on vous ressasse quelques exemples d'une plus grande extension de cette culture, que le savant abbé Grégoire avait déjà réunis ; mais dont il s'était bien gardé de tirer la même conséquence. Comme c'est à armes courtoises que j'entre en lice avec les champions de cette cause, je veux leur fournir un nouvel exemple d'une diminution incontestable de la culture de la vigne. Je l'emprunte à l'auteur allemand J.-C. Leuchs : il affirme qu'on cultivait autrefois en Allemagne beaucoup plus de vignes qu'au temps actuel ; non, dit-il, que le climat fût plus chaud, mais parce que tout le monde aimait à se griser, et qu'on ne connaissait pas encore l'eau-de-vie. L'ardeur générale à planter la vigne fut encore excitée par l'empereur Frédéric IV, qui favorisa le débit du vin en défendant l'usage de la bierre, ainsi qu'il l'avait promis et comme il a soin de le rappeler dans son ordonnance.

Cette question me paraît donc tout à fait dans l'ordre des matières que je traite ; d'autant plus que rien ne serait plus décourageant que la solution qu'en a donnée M. Arago, soit dans l'Annuaire du bureau des longitudes, soit à la tribune, pour motiver son opposition à la libre disposition par les propriétaires des parties de leur domaine plantées en bois. Cette opinion du re-

froidissement de la température, par le déboisement
et les défrichements, émanait d'une si haute autorité
dans les sciences, qu'elle a eu sans doute beaucoup
de partisans; d'autant plus, comme on vient de le
voir, qu'elle n'a manqué d'aucun moyen de publicité,
tandis que sa réfutation, confinée dans un obscur bulletin de société d'agriculture de province, n'a été connue
que d'un petit nombre de scrutateurs de la vérité, qui ne
se laissent point imposer une opinion par de grands
noms, mais qui s'en vont creusant les questions par le
témoignage des faits, appréciant ces faits ce qu'ils va-
lent, et jugeant sainement des conséquences qu'on en
peut tirer. Tel m'a paru le savant aussi modeste, aussi
modéré dans la discussion que remarquable par sa sagacité et l'étendue de son savoir, M. Dispan, professeur de
physique à Toulouse. Je vais choisir quelques-uns de ses
arguments et citer quelques autorités respectables dont
il les étaie. — Le fait de la culture de la vigne est même
contesté par les auteurs anglais, notamment le docteur
Barington, qui a reconnu qu'on donnait alors le nom de
vigne à de simples vergers, et que s'il est vrai qu'il y
ait eu des vignes à Ely (latitude de 52 degrés), les raisins
y mûrissaient si rarement, qu'on a jugé convenable de
les arracher aussitôt après la réunion de la Guyenne à
l'Angleterre. Effectivement, il résulte d'un extrait des
archives d'Ely, communiqué par le doyen de cette église,
qu'il y avait des années où l'on n'y faisait pas de vin, et
où l'on vendait alors la vendange en verjus. L'argument

tiré de l'expression d'un historien, qui rapporte qu'en 1552 les huguenots se retirèrent près de Mâcon, et y burent le vin *Muscat* du pays et qu'il n'y existe plus de vignes de ce plant, me paraît peu digne de discussion. L'historien a-t-il bien entendu parler d'un vin Muscat de la même nature que celui de Provence? Ce mot ne voulait-il pas dire en cette circonstance le meilleur vin blanc du pays? Faire de cette expression un argument, n'est-ce pas jouer sur les mots? et d'autant plus qu'aucune charte d'abbaye, aucun document ancien ne fait mention de vin Muscat en Bourgogne. — Quant aux réputations perdues, elles sont plus communes en Italie qu'en France; rien d'ailleurs de plus facile à expliquer: substitution de plants féconds à ceux qui donnent des récoltes moindres mais de meilleure qualité, taille longue et fumure de la vigne. Voilà ce qui a perdu le Falerne et le Massique, comme l'a reconnu Pline, les vins de Surène et d'Argenteuil, comme l'a dit Chaptal, et comme le pensaient bien d'autres avant lui.

Passons aux effets du déboisement et des défrichements: l'auteur d'une histoire de l'État de Vermont, attribue l'*adoucissement de la température* de cet État, au déboisement et aux défrichements qui ont suivi nécessairement la progression de la population; cependant il pense que le déboisement a dû produire aussi une *plus grande chaleur*. Les raisons qu'il en donne sont satisfaisantes; du moins elles avaient paru telles à Volney, qui l'a cité plusieurs fois. Le duc de Liancour, dans son

Voyage aux États-Unis, pense de même relativement au Canada : « L'on observe, dit-il, dans ce pays que les chaleurs de l'été deviennent plus fortes et plus longues, et que les froids de l'hiver sont plus modérés. « Bosc, qui a passé plusieurs années en Amérique, est aussi du même sentiment : « Les observations faites dans ces derniers temps, dit-il, prouvent que les défrichements des bois, en diminuant la masse des eaux, ont augmenté la chaleur du pays *. »

J'ajouterai pour notre continent, qu'au commencement du premier siècle de notre ère, on ne trouvait la vigne, d'après Strabon, que sur les côtes méridionales de la Gaule, et qu'au nord des Cévennes, les raisins ne parvenaient pas à maturité. « Bientôt, observe l'abbé Grégoire, les défrichements ayant rendu le pays moins hu-

---

* Je dois convenir cependant que ces faits n'ont pas été interprétés de la même manière par tout le monde; qu'un autre professeur, M. T...., a attribué les variations de température, son adoucissement au boisement, ses rigueurs aux déboisements des pays où ce changement d'état a eu lieu, et même, d'après lui, que ces effets ont été produits avec une rapidité dont personne ne se serait jamais douté : ainsi, toujours selon lui, le mistral n'aurait commencé à souffler en Provence que lors du siége de Marseille par les Romains (an 50 avant J.-C.), parce que les bois des collines voisines avaient été abattus pour le service des assiégeants. Quelques siècles après, les croisés ayant rapporté le Pin d'Alep, la Provence devint un paradis durant les quatre siècles qui précédèrent l'an 1659, où le déboisement causé par les constructions navales de Louis XIV, ramena les excès de température. Cependant l'année où le port de Marseille présenta pendant l'hiver l'aspect du port de la Neva, se trouve en plein cours de cette époque, qu'il appelle normale.

mide, la vigne s'avança vers le nord. » Il est donc bien probable qu'elle passa alors ses limites naturelles, et que peu à peu elle y est rentrée. Qui pourrait croire qu'au temps de Tacite, la vigne eût pu subsister sous le rigoureux climat de la Germanie? Le renne et l'élan, qui du temps de César étaient communs dans la forêt Hercinie, ne s'y retrouvent plus depuis bien des siècles; or, on sait que le premier de ces animaux ne peut subsister que dans les régions les plus froides.

Quant à l'époque des vendanges, qui avait lieu plus tôt dans le Vivarais au seizième siècle qu'au temps actuel, cette époque est avancée depuis le même temps dans l'Hérault, selon encore M. Dispan.

Non-seulement cette question, considérée sous la dépendance de ces deux circonstances, le déboisement et les défrichements, ainsi que l'a fait M. Arago, et M. Dispan, qui n'y a répondu que sous ce point de vue, a amené une solution contraire à celle de M. Arago, mais même prise sous le point de vue absolu, le refroidissement progressif de la température du globe, elle semble facile à résoudre, contradictoirement aussi à son opinion par une foule de faits historiques. Je vais en réunir quelques-uns des plus saillants : les anciens narrateurs des campagnes d'Annibal, Tite-Live, Polybe... nous parlent des hivers rigoureux de l'Italie. Horace se plaint amèrement de ce que, tous les hivers, les rues de Rome sont encombrées de glaces et de neiges; de son temps le mont Soracte était souvent couvert de neige, et aucun habitant de Rome moderne ne l'a vu dans cet état. Pline se désole de ne pouvoir cultiver les oliviers dans une terre qu'il possédait en Toscane, et cela à cause de la rigueur du froid. Il nous apprend aussi que les citronniers apportés de la Palestine par Titus, ne pouvaient se conserver que dans des caisses, que l'on descendait à la cave pendant l'hiver. En 822, le Rhône, le Pô, l'Adriatique et plusieurs ports de la Méditerranée, gelèrent. Sept ans après, lorsque le patriarche d'Antioche, Denys de Talmahr, alla avec le calife Mammoun en Egypte, ils trouvèrent le Nil gelé (Sylvestre de Sacy). En 1234, des voitures traversèrent l'Adriatique en face de Venise sur la glace. En 1334 tous les fleuves de l'Italie gelèrent, et en 1507 le port de Marseille gela aussi dans toute son étendue. On ne voit rien de pareil dans les siècles derniers, et la conséquence évidente, c'est que la température actuelle n'a plus les rigueurs de celle d'autrefois.

Il s'ensuit donc que les faits historiques, quoique non complétement d'accord avec les démonstrations rigoureuses, dit-on, du savant Fourier *, ni même avec les inductions d'une identité parfaite de température du temps actuel avec celle des anciens temps, inductions qu'on doit tirer des tables astronomiques d'Hipparque **, dont l'exac-

---

* Ses calculs aboutissent à prouver que le refroidissement du globe, après une période de 1 million 280,000 ans, ne sera pas plus sensible que ne le serait en une seconde le refroidissement d'un globe d'un pied de diamètre, formé de matières pareilles et placé dans les mêmes circonstances.

** D'après ces tables, la révolution de la terre autour du soleil, c'est-

titude a été universellement reconnue, suffisent pour saper
à fond les assertions de M. Arago ; puisque d'une part
ces faits démontrent l'adoucissement de la température,
et de l'autre part, que les calculs de ces savants du
premier ordre prouvent du moins qu'il n'y a pas eu
de refroidissement.

Les propriétaires du Médoc, préoccupés des sinistres
prédictions de leur compatriote, Mᵣ P. L... peuvent
donc se rassurer, et même le prince de Metternich être
exempt d'inquiétude sur la destinée future de son célèbre
clos de Johannis-Berg.

Mais de cet adoucissement de température, qu'on ne
peut guères contester, je me garderai bien de conclure,
comme l'a fait le savant professeur de Bordeaux, do-
miné par le besoin d'attribuer un effet désastreux à la
destruction des forêts, que ce rapprochement des deux
extrêmes de la température, qu'il semble reconnaître
par une transition contradictoire au principe qu'il avait
adopté, soit la cause du dépérissement, de l'état de lan-
gueur, et même de la disparition totale de quelques
végétaux autrefois cultivés chez des peuples au bien-
être desquels ils contribuaient. Car il s'en suivrait, par

a-dire la longueur de l'année, ne différerait actuellement de ce qu'elle
était de son temps (il y a 2 mille ans), que de ₁/₁₁ de seconde décimale (de
mille à l'heure). Or, cette quantité est réellement inappréciable. Cependant si notre globe se fût refroidi, sa révolution devrait être plus rapide,
c'est-à-dire l'année plus courte.

exemple, que la disparition complète du sol de l'Espagne
d'un grand nombre de plantes cultivées, et même d'une
culture vulgaire du temps des Arabes-Espagnols, ainsi
que cela nous est démontré dans plusieurs de leurs ouvrages *, ne serait pas due à l'expulsion des Maures,
nation la plus avancée de son temps dans la civilisation;
mais seulement à la destruction des forêts dans un pays
où il n'y en avait probablement plus guères depuis la
conquête romaine, et bien moins encore avec plus de
certitude depuis l'invasion des Maures, le sol qu'ils occu-
paient ayant été nécessairement nettoyé pour l'entretien
d'une population dont l'accroissement fut aussi rapide
que prodigieux.

D'après toutes ces considérations, nous n'admettons
pas plus le refroidissement progressif de la température
du globe que l'abâtardissement, et moins encore le changement des espèces ou leur création nouvelle par l'effet
du changement de climat ou de l'ancienneté de leur culture.

Dès lors, on regrettera sans doute avec moi que Pline,
dont le chapitre sur la vigne a de l'importance par son

---

* Notamment dans le bel ouvrage sur l'agriculture d'Ebn-el-Awam, qui
traite de la culture de celles qui suivent et qui n'existent plus en Espagne en état de culture : le sésame, le pistachier, le bananier, le coton-
nier, le chou marin (crambe maritima), le mahaleb, le sébestenier,
l'al-hena (lawsonia inermis), le curcas (arum colocosia), le chuck-el-
duhaïn (plante de la famille des chardons, dont la graine était recherchée
des chrétiens pour les jours maigres, dont la tête était un légume agréable, et dont la tige fournissait un bon fourrage aux chameaux).

étendue et la manière même dont il a traité ce sujet, ne nous ait pas laissé une description au moins sommaire des cépages les plus estimés de son temps, des Aminées, des Eugéniennes, de ceux aussi dont le vin avait ou passait pour avoir une vertu particulière, tel que le Cocolubes qui en produisait, dit-il, de salutaire aux personnes sujettes à la gravelle, de même que l'Olwer de nos jours jouit d'une pareille réputation parmi les habitants de l'Alsace. Sur quel fondement l'ampélographe Sachs a-t-il appuyé son opinion, que le Cocolubes était notre Picardan? c'est une question que je n'ai pu résoudre. Un autre de ses compatriotes, M. Yongok, a bien découvert que les Aminées de Pline étaient nos Chasselas !..... D'autres penseront avec moi que ces Aminées étaient nos Pinots de Bourgogne, surtout en rapprochant de l'observation de Pline celle de Columelle : qu'il y en avait une espèce cotonneuse, et ce serait alors le Meunier, qui donnait d'assez bon vin, dit-il, mais moins bon que celui de la première; car cette première, de même que le Pinot de Bourgogne, passait bien la fleur, mais ne portait que de petites grappes.

DE LA CLASSIFICATION DES CÉPAGES.

Examen des divers systèmes.

Comme j'ai été devancé par beaucoup d'auteurs ampélographes, à la vérité tous de pays étrangers, on
attendra sûrement de moi plus que je ne pourrai donner, un système de classification au moyen duquel on
puisse reconnaître facilement l'espèce de vigne qu'on a
sous les yeux. Ce n'est pas l'envie de mieux faire que
mes prédécesseurs qui m'a manqué, mais quand j'ai
voulu m'occuper de l'ordre que j'adopterais pour le
classement des cépages, je ne suis parvenu, malgré la
connaissance que j'avais acquise de la plupart des systèmes nouveaux, qu'à me convaincre davantage des
difficultés que présentait le choix de l'un d'eux ou l'in-
vention d'un autre. Je n'ai pu me décider à suivre la
voie qui m'était tracée par don Simon, sa division en
deux grandes classes, les cépages à feuilles cotonneuses
et ceux à feuilles nues ou dépourvues de coton, parce
qu'elle scindait les familles les mieux liées; elle séparait
son Ximenes-Zumbon des Ximenesia; elle enlevait le
plant Meûnier aux Pinots; de la nombreuse famille des
Muscats, elle retranchait celui à feuilles cotonneuses,
bien connu des Romains, et encore cultivé dans quel-

ques-uns de nos meilleurs vignobles du midi, d'où je l'ai tiré.

Don Simon nous parle d'un cépage du nom de *Rebazo*, dont divers sujets, provenant d'une même souche, offrent, les uns des feuilles cotonneuses en dessous, d'autres simplement velues ; exemple, dit-il, qui prouve l'inutilité et l'arbitraire de nos classifications. Je pourrais citer bien d'autres exemples qui feraient perdre du mérite apparent de la simplicité de cette division, surtout quand j'aurai ajouté qu'il y a une dégradation dans ce caractère qui laisse souvent dans le doute, si le sujet auquel il appartient fait partie de la première ou de la seconde section. Quelques espèces, par exemple, ont leurs jeunes feuilles cotonneuses, et quelque temps après, dans le complet développement, le duvet a disparu ; d'autres ont les nervures velues, et les poils dont elles sont couvertes sont si épais, qu'ils vous laissent dans l'indécision si l'on doit ranger ces feuilles parmi les cotonneuses.

Cette objection est encore bien plus forte à l'égard du système de M. Vongok, qui s'est sans doute flatté d'avoir perfectionné celui de don Simon, quoiqu'à mes yeux il y ait plutôt rétrogression que perfectionnement. Au lieu de deux grandes divisions de toutes les sortes de vignes, il en a fait quatre d'après la plus ou moins grande quantité, ou l'absence totale des poils et du coton sur les faces des feuilles. Par une conséquence de ce système, les Chasselas se trouvent les frères des Pinots, les Tein-

turiers le sont également des Corinthes avec lesquels
ils n'ont certes aucune apparence d'analogie ; et si j'a-
joute que l'auteur place le Müller-Reben , qui est notre
Meunier dans la classe des cépages à feuilles peu cotonneuses, on trouvera que j'en ai dit assez pour détruire
toute confiance dans ce système.

S'il était indispensable d'en adopter un , peut-être
préfèrerais-je celui du conseiller Burger, qu'il a com-
posé de deux autres, de celui de Metzger et de celui
du professeur Von-Vest ; ainsi en exposant chacun de
ces derniers , nous connaîtrons le système du conseiller.

Metzger partage , ainsi que l'avait fait le pasteur Frege , tous les raisins en deux classes : la première de
ceux à grains ronds, la seconde des raisins à grains
oblongs. Chacune de ces deux classes a trois divisions :
la première est celle des raisins à très-gros grains; la
seconde, de ceux à grains moyens; la troisième, de
ceux à petits grains. Viennent encore des subdivisions
selon la forme et la grosseur des grappes , la grandeur
et la forme des feuilles. On voit qu'il ne fait point ac-
ception du caractère si remarquable de la couleur, lequel
n'a point été négligé par Burger. Une observation que
quelques mots de l'ouvrage de ce dernier m'ont rappelée,
et que je n'ai faite que sur un seul cépage, le Maccabeo,
c'est que la même grappe nous présente souvent des
grains ronds et des grains oblongs; dans ce cas particulier, ce sont les petits grains qui sont ronds et même
aplatis, et les gros oblongs. Si cette observation avait

été faite sur plusieurs sortes de raisins, elle affaiblirait beaucoup le système fondé sur les diverses formes, qui me parait cependant le moins défectueux. Je dirai même que je partage tout à fait le sentiment de don Simon, qui range ce caractère parmi ceux suffisamment inaltérables, pour être regardés comme spéciaux.

Mais un autre inconvénient du système de Metzger qu'on ne peut contester, c'est qu'il place dans des divisions différentes plusieurs sortes de raisins qui ont une dénomination commune, et qui ont la plus grande analogie entre eux; par exemple, la Malvoisie d'Italie à gros grains, celle de la Gironde et de Lot-et-Garonne, aux grains à peine moyens, toutes les deux à grains un peu allongés.

Jetons maintenant un coup d'œil sur le système du professeur Von-Vest, nous y trouverons également quelque chose de bon pour la pratique. Toutefois cet éloge ne s'applique pas à sa grande division en deux classes, dont la première consiste uniquement dans un cépage avec ce caractère particulier, que chacune de ses feuilles est composée de plusieurs autres, comme il le dit, réunies sur le même pétiole. C'est celui que les Allemands appellent *Petersilien*, c'est-à-dire à feuilles de persil, et nous *Cioutat*. C'était un cas exceptionnel qui ne méritait pas de former une classe, pour un cépage du reste si peu estimable. La seconde division ou plutôt l'unique, puisqu'elle se compose de tous les cépages moins un, est partagée en deux ordres, et c'est ici que commence l'utilité pratique de sa méthode, qui du reste est la même que celle suivie depuis une vingtaine d'années par les frères Audibert de Tarascon dans leur catalogue, bien antérieurement à la publication de l'ouvrage du professeur. Le premier ordre se compose des raisins à grains évidemment allongés. Au second appartiennent les raisins à grains sphériques, presque sphériques ou légèrement oblongs. Chacun de ces ordres est partagé en quatre divisions : 1° les raisins musqués; 2° les raisins de couleur noire ou violette; 3° les rouge-clair; et enfin 4° les raisins à grains blancs, jaunes ou verdâtres. On voit que si le premier ordre se compose de cépages à raisins dont la forme ne laisse aucune hésitation, il n'en est pas de même du second qui est bien encombré, et dont le caractère principal vous laisse souvent dans l'indécision; ensuite que beaucoup de raisins qui ne sont évidemment que de simples variétés, se trouvent dans des divisions différentes, et même dans des ordres différents; par exemple les Muscats, deux des trois Sauvignons, les trois Corinthes, deux des trois Grecs, et de même deux des trois Bouteillans, etc.

Quelques-uns de ces auteurs ont fait entrer dans leur classement des cépages étrangers qu'ils n'ont jamais vus; ils en ont pris tout simplement la description dans l'ouvrage de l'Espagnol don Simon. Je me suis donné plus de peine : lorsque je me suis emparé de quelques passages des descriptions de cet auteur, j'ai eu soin de les modifier selon que le cépage lui-même avait subi des modifications par le climat de la Touraine ou le sol de mon vignoble. Ainsi pour le *Listan* ou *Temprana-blanca* de l'Andalousie, j'ai remarqué que cette précocité extraordinaire dont il jouissait dans son pays, n'était qu'une maturité en temps ordinaire dans le nôtre et même dès la première année, contradictoirement aux prévisions de Chaptal, et ce qui est encore plus remarquable, c'est que la même observation a eu lieu dans le département de Vaucluse.

Conséquences de l'examen de ces divers systèmes.

Il me paraît résulter de toutes les considérations ci-dessus sur ces divers systèmes, que, quelque ingénieux, tout admirables même qu'ils peuvent paraître à ceux qui n'ont qu'une connaissance très-superficielle de la vigne, aucun ne peut soutenir l'examen critique de l'observateur qui s'est livré à cette étude, qu'aucun ne présente une classification qui soit d'une utilité pratique, c'est-à-dire qui puisse aider à reconnaître facilement et avec sûreté les différentes espèces de raisins; en conséquence, n'en voyant pas que je puisse adopter et n'ayant pu parvenir à en imaginer un préférable, je suivrai pour tout ordre les degrés de latitude avec le seul soin de grouper les cépages par famille, autant que cela me sera possible, en les plaçant dans la région où ils sont

connus par leur influence sur la qualité du vin. J'ai
déjà fait entendre que je n'avais pas négligé les secours
que m'offrait l'auteur espagnol dans sa méthode peut-être
un peu trop scientifique, toutefois sans m'asservir rigou-
reusement à aucune règle : ainsi, je me suis abstenu de
donner dans chaque description l'indication de traits difficilement saisissables, au risque d'encourir de la part
des ampélographes futurs, les mêmes reproches qu'il
a adressés à ceux qui l'ont précédé, n'adoptant pas ses
sentiments d'estime pour la réunion du plus grand
nombre possible de traits d'un cépage, de mépris pour
ce qu'il appelle des descriptions incomplètes. Je sais
cependant que quelques amateurs d'ampélographie, dont
les notes sont encore inédites, regardent cette réunion
complète de tous les traits d'un cépage, comme la perfection du genre descriptif ; que l'un d'eux a même fait
imprimer sur toutes les feuilles d'une rame de papier
des divisions par lignes croisées, formant des cases où
sont en quelque sorte incrustés, sans aucune variation,
les noms de toutes les parties de la vigne, pour désigner à la suite toutes leurs modifications, sans considération du plus ou moins de valeur des traits qui doivent servir à la reconnaissance d'un cépage.

*Exposition des vues qui m'ont fait préférer l'ordre que
j'ai adopté.*

Telle n'a point été ma manière d'envisager mon sujet: j'ai toujours eu la crainte, en entreprenant un ouvrage, que l'épaisseur du volume n'intimidât les volontés molles et indécises; or, à la manière de don Simon ou de son compatriote Boutelou, qu'il nous offre comme modèle, le mien aurait formé un volume d'un millier de pages. J'ai surtout été entraîné par cette considération : c'est qu'on relâche, qu'on allanguit l'attention en la portant sur une foule de traits sans valeur, et que dans cette foule se confondent alors les vrais caractères distinctifs, qui sont ordinairement d'autant plus saillants qu'ils sont moins nombreux. Il suffit même quelquefois d'un seul pour signaler un cépage. Ainsi, une variété de Muscat qu'un de mes correspondants m'avait annoncée avec cette simple remarque, qu'il avait les feuilles tourmentées, m'avait paru ne pouvoir être autre que le *Chasselas musqué* de Leberriays et du Nouveau Duhamel; et la fructification a confirmé la justesse de cette prévision. Un autre trait de l'usage le plus commun et le plus commode, l'aspect du cep dans ses premiers mois de végétation, pour lequel on n'a sûrement pas réservé de case, peut souvent remplacer avec avantage tous les détails minutieux dont se composent les tableaux des partisans trop exclusifs de l'ordre et de la régularité systématique. Beaucoup de cépages se font aisément reconnaître à un aspect qui leur est propre; tels entre autres, le Teinturier et sa variété l'Egyziano, le Quillard, le Braquet, le Meunier, le Grec-rouge, etc. On voit donc que je me suis attaché seulement aux caractères les plus saillants.

Une partie de ces caractères m'a été fournie par le feuillage, et plus souvent par les feuilles prises séparément, surtout dans les premiers mois et dans le dernier du cours de végétation de la vigne. Nous avons considéré la forme des feuilles, leur état entier ou leur découpure, la présence ou l'absence du duvet cotonneux, ou seulement de poils sur les nervures ; la couleur de ces nervures, trait qui m'a servi plusieurs fois, notamment pour reconnaître la Picpouille-grise. La force des sarments et leur direction naturelle, qui constitue le plus souvent leur aspect propre, le *facies* des botanistes, caractère si remarquable dans le Quillard, le Braquet, les deux Granaches, n'ont pas été négligés ; et pendant l'hiver, la couleur du bois du sarment, quoique ce caractère n'ait souvent qu'une valeur relative, parce qu'il est plus qu'aucun autre affecté de l'influence du sol.

Aussi, mon cabinet n'a jamais ressemblé, comme celui de D. Simon, à la grotte de Calypso, parce que je me suis bien gardé de me livrer à des observations microscopiques pareilles à celles de son compatriote Boutelou, auquel il fait honneur d'avoir remarqué les verrues et le bourrelet du pédicèle, la forme des pépins, l'anneau, etc. Les miennes ont toujours été faites sur place et sur l'individu entier; alors, les traits de dissemblance ont été bien plus frappants et les objets de comparaison pour les faire ressortir bien plus nombreux.

On s'attend bien que les caractères qui ont fixé particulièrement mon attention ont été pris dans la fructifica-

tion qui m'a offert la considération importante de l'époque
de maturité ; celle de la forme des grappes et de celle des
grains, ainsi que la disposition de ceux-ci entre eux. J'ai
cherché à bien exprimer la nuance de la couleur, quoique
je n'ignore pas qu'elle soit légèrement variable par l'influence du sol et du climat, sans pourtant porter la cré-
dulité au sujet de cette variation au point d'ajouter foi
au rapport d'Antil, auteur américain d'un essai sur la
culture de la vigne, lorsqu'il dit avoir observé dans le
continent qu'il habite, des raisins dont la couleur sur
les lieux élevés était blanche et passait du rouge plus ou
moins foncé jusqu'au noir, à mesure de l'abaissement du
sol sur lequel était plantée la vigne. Cette considération
de la couleur a paru si importante à un célèbre agronome
espagnol, D. Alonzo de Herrera, qu'elle l'a dirigé uniquement dans l'établissement de ses sections au chapitre des
familles de la vigne. Mais cette classification serait pour
le moins aussi vicieuse que les autres, car les trois Pic-
pouilles, les trois Corinthe, deux Bouteillans sur les trois,
et une foule d'autres se seraient trouvés chacun séparé
de leur famille et dans une division différente. Ce caractère me paraît aussi remarquable, quoiqu'il se présente
des cas extraordinaires où la couleur varie, je ne dirai
pas comme Antil, du blanc au noir, mais du moins du
gris au noir sur des grains du même cep d'une égale
maturité. Il semblerait d'après la remarque que j'en ai
faite en 1837, que cette mutabilité affecte particulièrement les espèces de couleur intermédiaire, celles que les

Romains appelaient *helvolæ*. Ce cas, d'ailleurs, est si rare, qu'il est plutôt une confirmation qu'une dérogation de ce caractère.

Un autre élément que je me suis bien gardé de négliger est celui qui résulte de la dégustation : il se divise en saveur et consistance. La première surtout établit quelquefois un caractère si prononcé, qu'il a constitué des familles, et en première ligne celle des Muscats. La consistance réclame bien aussi sa part de propriété caractéristique, quand elle fait ressortir une si grande différence entre la Panse des Bouches-du-Rhône et notre Malvoisie de Touraine ; la première ayant les grains tout en chair, la seconde tout en suc, en sorte que le même nombre de grains de la première, quoique trois fois plus considérable en volume, ne rend peut-être pas plus de vin. Une disposition naturelle, importante à constater pour l'appropriation du cépage à l'exposition qui lui convient et à la nature du sol, est le bourgeonnement que nous appelons ici débourrement, hâtif ou tardif. Ainsi, la Balsamina, l'Alcatico, cépages italiens, le Granache de l'Aragon, le Listan de l'Andalousie, etc., qui sont également prompts à céder aux influences printanières, seront signalés par cette habitude de végétation précoce qui diminue de leur mérite dans notre région. Toutefois, je ferai remarquer que leurs jeunes pousses sont quelquefois assez fortes lors des gelées tardives pour résister aux petites gelées dont sont frappés alors les cépages à végétation tardive. Parmi ceux-ci, pour qui la nature a été une mère prudente, je citerai notre Côt de Touraine, qui, ainsi que le Mourvede de la Provence, atteint l'autre extrémité de cette époque de débourrement, laquelle embrasse ordinairement une quinzaine de jours.

J'ai eu surtout grand soin d'indiquer l'époque relative de maturité, et aussi la faculté de maturation dans notre région centrale, indication d'autant plus importante qu'elle constitue le résultat le plus utile d'une collection de cépages. Toutefois, je dirai que cette époque de maturité, et cette faculté de maturation ont varié sur mon sol d'une manière bien remarquable par la nature différente de ce même sol. J'ai vu cette maturité si incomplète, quelque avancée que fût la saison, que je la regardais comme impossible pour quelques cépages tel que le Spiran, et ce même cépage y parvenir facilement dans ce que nous appelons une terre chaude, sorte de terre très-facilement pénétrable à l'eau, parce qu'elle est superposée à des matières calcaires. Du reste, la plus exacte description de cette terre, fût-elle examinée à la loupe et tâtée avec les acides, ne vous en apprendra pas autant que le paysan qui l'aura cultivée ou qui aura passé quelquefois à côté d'elle.

Suite de l'exposition des motifs qui m'ont guidé dans la marche que j'ai suivie.

On ne peut rien présumer de la manière dont Bosc aurait rempli la tâche qu'il s'était imposée, car l'illusion qu'il se faisait sur de légères différences lui suffisait pour établir de nouvelles variétés, et aurait été la cause d'une confusion inextricable, d'autant plus que la sphère de ses observations devenait sans limites, puisqu'il y comprenait tous les cépages cultivés, et qu'il croyait, aux variations continuelles ou plutôt à la formation incessante de nouvelles espèces; par exemple, il prétendait connaître vingt variétés de Chasselas. J'ai restreint le nombre des cépages, dont je donnerai la description, à ceux les plus estimés dans les vignobles de France ou de l'étranger, d'où je les ai tirés. Je n'y ai réuni qu'une demi-douzaine de cépages nouveaux, dont le mérite a été reconnu. Dès lors, ce nombre de cépages, objet de mes observations, a été assez borné pour ne pas laisser courir de grands risques d'erreur.

L'un des motifs les plus déterminants de réduire ainsi ma besogne a été la conséquence de cette considération : que, dans la foule des cépages cultivés, c'est un fait constant qu'il y en a une grande partie dont un essai de culture ne peut offrir aucun intérêt, leur produit étant connu pour être de la plus basse qualité. Quelle satisfaction aurait pu trouver le public viticole dans la description de cépages aussi méprisables que le Tarret-Bourret et le Calitor du Gard, l'Aramon de l'Hérault, la Pélaouille de la Gironde, le Macé doux et le gros Morillon d'Indre-et-Loire, le Gamai de la Seine et des petits propriétaires de la Côte-d'Or, le Gouais de plusieurs départements qui approvisionnent les vinaigriers d'Orléans; et enfin, les Agraceras et les Verdaguillas de l'Andalousie?

J'ai proportionné l'étendue de chacune de mes descriptions à l'importance que j'ai reconnue à chaque cépage. Le choix du nom capital a été l'objet de quelques considérations dont le résultat a été de placer en tête des noms, quand j'ai eu à choisir entre plusieurs, le plus usité dans le vignoble qui lui devait, en partie du moins, sa réputation. Par exemple, nos vins du Cher doivent la leur au plant que nous nommons Côt : la commune d'Esvres que j'habite, traversée de l'est à l'ouest par l'Indre, ayant acquis depuis une vingtaine d'années, de l'aveu des marchands, l'avantage de primer les vins du Cher, soit par la nature de son sol, soit par l'intelligence de ses habitants, je me suis cru autorisé à donner au nom qu'il porte dans ces vignobles la place capitale, quoique sous le nom d'*Auxerrois*, il fasse également la base des vignobles du Lot, dont les vins sont achetés par les Bordelais pour donner du corps et de la couleur à leurs vins.

Je crois bien que ce mot de Côt est une contraction de Cahors, nom qu'il porte dans un département voisin ; mais la manière de l'écrire que j'ai adoptée rend bien la prononciation que nous lui donnons.

Je justifie aussi mon orthographe de Pinot, ainsi que l'écrivait encore Dussieux en 1804, mais différente de celle que j'avais adoptée d'après la plupart des auteurs modernes qui l'ont écrit Pineau, par la manière plus simple en usage autrefois, et au changement de laquelle je n'ai trouvé aucun motif raisonnable. Alors, on l'écrivait Pinos, comme on peut le voir dans les poésies d'Eustache

Deschamps, publiées dans les premières années du quinzième siècle, ou bien encore Pinoz, ainsi qu'on le trouve écrit dans les ordonnances du Louvre de 1394; et enfin, Pinot comme l'écrivait un siècle après Oliv. de Serres, et aussi par le nom encore usuel en Italie, *Pignolo*.

Si j'écris *Morillon* au lieu de Maurillon, c'est que je crois que ce mot est venu tout simplement de Mour ou Mouret, nom que porte en Bourgogne le fruit de la Ronce et non de la nation des Maures, comme l'ont dit plusieurs savants œnologues. J'appuie, du reste, mon opinion sur ce que j'ai reçu de Dijon des sarments d'une variété de Pinot que l'on appelle Morillon-Mour ou Mouret, et même au département de Tarn-et-Garonne, on cultive communément un cépage du nom de Mourelet.

De même, si je m'écarte de l'orthographe commune pour le mot Pique-Poule, comme l'écrivent tous les auteurs, et que je le transforme en celui de Piepouille, c'est que j'ai déduit cette orthographe du mot espagnol Picapûlla qui se prononce Picapouya dans le Roussillon, où il a été premièrement cultivé avant de se répandre dans les autres vignobles du littoral de la Méditerranée; alors cette manière de l'écrire n'éveille pas la ridicule idée que les raisins des trois variétés qui portent ce nom piquent les poules. Toutefois, il m'arrivera rarement de rechercher l'étymologie, l'origine des noms; je n'ai pas voulu m'exposer, comme l'ont fait les derniers auteurs que j'ai consultés et dont les ouvrages sont récemment publiés, à donner des explications de la nature de celle-ci : c'est au sujet d'un cépage de l'Andalousie nommé Jaën, mot qu'ils font dériver de Jais, quoique ceux de ce nom les plus communément cultivés soient blancs, et qu'il semblât plus naturel d'attribuer ce nom à celui du royaume ou de la province de Jaën, où ces cépages sont si communs dans les vignes, que quelques-unes ne sont complantées que de cette sorte. Celui dont parlent ces auteurs est noir, et beaucoup plus rare, c'est le Jaën noir de grenade ou *uva Crescentii* de D. Simon.

Quant aux dénominations des cépages étrangers, je me suis bien donné de garde de les franciser; j'ai cherché, au contraire, autant que cela m'a été possible, à leur conserver leur physionomie propre : ainsi, qu'il m'arrive de parler du Muscat de Hongrie, j'aurai soin de le nommer Muscataly. Si c'est du cépage connu en Alsace sous le nom de Grauer-Tokayer, que je veux parler; je lui conserverai ce nom avec ses désinences germaniques, avec d'autant plus de raison que, si je le traduisais par Tokai gris, j'induirais le lecteur en erreur, ce cépage étant très-rare dans le vignoble de Tokai. Je me donnerai bien de garde de traduire le mot *Zapfner,* nom que le Furmint porte dans les vignobles de Rust et d'Œdenbourg par le Dentelé, ainsi que l'a fait M. le baron D***, parce que je suis bien sûr que personne en Hongrie ne saurait ce que je voudrais dire. Enfin, j'ai tout lieu de croire qu'en écrivant les mots Mammolo, Trebbiano, Pedro Ximènes, Alvarilhaô, etc.; personne n'hésitera sur l'origine des cépages que ces noms désigneront.

Dans le choix que j'ai eu à faire de la dénomination capitale, je ne me suis décidé qu'avec la plus grande réserve pour les noms de pays ; je veux dire pour les noms qui désignaient le lieu d'où le plant était originaire ; ainsi, pour un cépage fort estimé dans les départements du Midi, j'ai préféré aux noms Alicante, Roussillon, Rivos Altos qu'il porte dans diverses localités, celui de Granache sous lequel il est connu encore plus généralement, et qu'il porte sous le costume espagnol de *granaxa* en Aragon où il est sans doute très-cultivé, puisque dans les vignobles près de Madrid on l'appelle Aragonais.

On pourrait citer une foule d'exemples du vague et du vice de cette dénomination ; en voici seulement deux : On appelle notre Côt dans le département du Lot, Auxerrois ; et dans le département de la Moselle, de ce même nom d'Auxerrois, notre Malvoisie. Un cépage du nom de *Bourgogne*, et qu'en Bourgogne on nomme Tresseau, est fort répandu dans les vignes de deux ou trois communes au nord de Tours, et le vin qu'il produit ne doit son débit qu'à sa proximité de la ville, tandis qu'au midi de Tours, les vrais plants fins de Bourgogne sont cultivés dans notre canton sous le nom d'Orléans.

But principal de cet ouvrage.

J'en viens à l'application vraiment utile et profitable des connaissances ampélologiques, et par conséquent de cet ouvrage. C'est elle qui forme le corollaire indispensable de tout traité de cette nature. Je m'attends bien qu'on regardera cette partie de mon ouvrage comme fort incomplète; car il faudrait un quart de siècle pour ajouter à ce que l'on sait déjà, le fruit de ses propres observations; combien serait-il nécessaire que mes expériences fussent suivies, répétées et variées, pour que mes appréciations du mérite d'un cépage obtinssent une confiance entière? et encore ne parviendrais-je à évaluer ce mérite que relativement à la localité que j'habite, au sol que je cultive et non d'une manière absolue: par exemple, le Liverdun, qui a été mis en vogue par feu l'honorable curé d'Achain, est diffamé dans une lettre que m'a écrite un conseiller de la cour royale de Metz, dédaigné par un propriétaire bordelais à cause de sa précocité et de sa disposition à pourrir, estimé par moi pour cette même précocité, et surtout pour l'abondance soutenue, immanquable de son rapport, davantage encore par un propriétaire fort éclairé de l'Ardèche, M. de Bernardy, exalté enfin par deux autres habitants du midi, dont l'opinion est d'un grand poids dans mon esprit. Que je place au premier rang notre Malvoisie de Touraine,

(Fromenteau de la Marne, Burot de la Côte-d'Or), en reconnaissance du vin de liqueur exquis qu'elle m'a fourni en 1834, je trouverai une foule de contradicteurs ou du moins de gens de difficile conviction. Et aussi ne me déciderai-je pas facilement par un seul suffrage : par exemple, qu'un viticulteur de l'Hérault, homme fort éclairé du reste, vienne tenter la réhabilitation complète du Chasselas comme raisin vinifère, j'attendrai qu'il ne soit pas le seul à trouver excellent le vin qu'il en a fait*, avant de regarder comme fausse, et mal fondée, l'opinion de son peu de mérite sous ce rapport, opinion généralement accréditée ; car elle n'était pas particulière à Chaptal, comme paraît le croire M. C***; il n'avait fait aucune expérience à ce sujet, pas plus dans le nord que dans le midi ; il n'était que l'écho de la voix commune des propriétaires et des vignerons. C'est donc une partie fort délicate à traiter, et qui n'a été que légèrement touchée, même dans le bon ouvrage de don Simon, et dont il n'y a pas de trace dans les ampélographes allemands. Ici l'expérience serait le guide le plus sûr à suivre; toutefois on conçoit aisément que cette capacité d'expérimentation ait des limites fort rapprochées en certaines circonstances: que l'Olwer des bords du Rhin passe dans le pays où il est cultivé, pour produire une

---

* Cet excellent vin de Chasselas a été produit par une vigne à sa *quatrième année* de plantation dans un *verger*. Certainement on n'obtiendrait un résultat aussi merveilleux en aucun vignoble de Champagne avec son Plant-doré, ni de la Bourgogne avec son Pinot.

sorte de vin propre aux gens attaqués de la gravelle, on n'exigera pas sans doute de moi que j'en aie fait l'expérience; ni de même que je confirme l'opinion du mérite du Granache-blanc, dont le vin a besoin d'être attendu une douzaine d'années pour acquérir sa plus haute qualité. Combien de temps ne me faudrait-il pas pour congratuler, en connaissance de cause, un professeur de Montauban qui déclare avoir *détrôné le Bordelais* (nom d'un cépage en Tarn-et-Garonne), pour mettre en sa place le *Fer-Servadou*, que je ne possède que de cette année, cépage perdu dans la foule jusqu'ici, et même placé au dernier rang par un de ses compatriotes? N'est-ce pas avoir fait preuve d'assez de patience, que d'avoir attendu huit ans pour asseoir une opinion juste sur la Balsamina, qui ne m'a donné de récolte qu'après ce long laps de temps? C'est cette expérience composée des faits qui se passent dans chaque vignoble, et des observations de chaque propriétaire, qui nous a appris que la Picpouille-grise, et la Marficye donnaient des vins violents et spiritueux ; que des vins privés de spirituosité avaient cependant la propriété de se convertir par la distillation en eaux-de-vie les meilleures du monde, et que ces vins étaient le produit de l'acerbe *jaën*, de la meilleure *folle-blanche*, et de l'insipide *picpouille-blanche*.

J'ai bien reconnu à la Malvoisie à petits grains, venue des Pyrénées-Orientales, toutes les qualités propres à faire un vin de distinction, et seulement par l'émana-

tion de ce sens intime créé ou du moins développé par
l'étude et l'observation ; mais pour mériter quelque confiance, ces sortes d'appréciations doivent être faites avec
beaucoup de réserve. J'ai donc la conviction que cette
partie de chaque description ne sera qu'une ébauche,
que l'écho des opinions locales sur tel ou tel cépage. Mais
bien que je m'attende qu'on trouvera mon travail incomplet, peut-être le plan que j'en aurai tracé méritera-
t-il l'approbation des amis de l'industrie viticole ; n'au-
rai-je pas dressé des cadres qu'il sera facile de remplir
avec le temps? et parmi les nombreuses ébauches que
j'y aurai placées, ne trouvera-t-on pas que quelques-unes
n'exigeront plus qu'un coup de pinceau pour être ter-
minées?

Je dois répondre ici à une observation qui m'a déjà
été faite, lors de la communication de quelques-unes de
mes descriptions au dépositaire de la confiance de la
société royale et centrale; il est vrai qu'elles manquent
de régularité, de l'uniformité à laquelle on est accou-
tumé dans les descriptions botaniques. Sans doute quelques esprits méthodiques seront fondés à regarder cette
absence de méthode comme un défaut, mais d'autres me
sauront peut-être gré de cette liberté de l'esprit, de cette
allure irrégulière, de certains tours variés qui rom-
pront la monotonie de mon sujet. Cette régularité mé-
thodique n'eût-elle pas été bien plus facile à suivre,
mais en même temps bien plus dépourvue d'attraits pour
moi-même, en me privant du plaisir de la composition :
le coloris doit ajouter à la ressemblance.

Importance d'une collection de cépages.

L'utilité d'une collection dirigée par un homme qui met de la suite à la former d'abord, puis à l'étudier, me paraît incontestable, et sur ce point je partage complétement le sentiment de l'abbé Rozier, combattu cependant par un professeur d'agriculture à Versailles, M. Duchesne. Elle a été aussi bien reconnue par un savant bordelais, qui a indiqué avec sagacité toutes les difficultés que présentait le travail d'une synonymie de la vigne, et qui a conclu avec beaucoup de justesse qu'il n'y avait pas de préliminaire plus indispensable que la formation d'une collection de cépages de tous les pays. Si le savant horticulteur Cels, qui nous a donné dans les notes du Théâtre d'agriculture, une nomenclature synonymique des cépages mentionnés par Olivier de Serres, avait eu sous les yeux une collection de vignes, il n'aurait pas commis les nombreuses erreurs que j'y ai reconnues, et qui m'ont prouvé qu'il n'avait pas fait une étude spéciale de la vigne ; par exemple, il fait un Muscat du Piquardan qui n'a rien de commun avec aucun des individus de cette famille ; il a donné pour synonyme à la Piepouille le Pizzutello, qui en est fort différent par ses grains beaucoup plus minces et plus allongés, par son faible rapport et plusieurs autres différences notables. Il établit comme synonymes le Mou-

relot, le **Languedoc**, le **Coq** ou **Cahors**, le **Balzac**; or, chacun de ces noms désigne un cépage particulier et qu'il est
impossible de confondre, quand on les a sous les yeux.

Si l'on a observé avec quelque apparence de raison,
que la position choisie par l'abbé Rozier (les environs
de Béziers) était trop méridionale pour que [les con-
clusions qu'il aurait pu tirer de ce champ d'expérience
eussent été justes et applicables aux autres vignobles de
la France, la même observation aurait pu se faire pour
la limite septentrionale telle que Paris, et même pour
la mienne située dans la région centrale. Celle de l'abbé
Rozier était d'un bon exemple, et je ne vois rien de
plus curieux et de plus instructif pour les amateurs de
la culture de la vigne, que la création de plusieurs éta-
blissements de cette nature, parmi lesquels je citerai
la belle collection du Luxembourg pour le nord, celles
de Dijon et de la Dorée près Tours, pour la région centrale de la France ; enfin celle de Carbonieux près de
Bordeaux, pour le midi. Ces positions peuvent faciliter
singulièrement le travail, non-seulement de la synonymie, mais celui aussi qui aurait pour but de coordonner
les observations qu'on pourrait faire dans chacune.

L'inconvénient de la position de la plupart de ces collections, non-seulement en France, mais aussi à Vienne
et près de Bude, c'est d'être dans une terre de potager;
cette position est avantageuse sans doute à la multipli-
cation des plants, mais elle est un obstacle à l'appréciation de la valeur d'un cépage; il en résulte que les

qualités sont souvent dénaturées ou du moins offus-
quées par l'exubérance de la production. La collection
de la Dorée n'est point exposée à ce reproche, et les
espèces les plus estimées n'y sont pas par paire, mais
par dizaine, par cinquantaine et même au delà; ce qui
donne la possibilité de faire des expériences spéciales
avec d'autant plus de succès qu'elles sont toutes plantées au milieu ou à côté des autres vignes du pays. Je
crois que ces conditions sont nécessaires pour que les
expériences puissent mériter quelque confiance.

Difficultés de la formation d'une collection.

Je ne dois pas dissimuler à ceux qui seraient tentés
de créer une collection, que ce n'est pas une entreprise
facile à mener à bien, et qui l'était moins encore, beaucoup moins pour ceux qui les ont précédés, et qui leur
offriront maintenant des ressources abondantes et sûres.
Je vais donner une idée des difficultés qu'on éprouve à
se pourvoir de plants véritables, je veux dire qui soient
bien les mêmes que ceux désignés par les noms du pays
où ils sont cultivés. J'avais fait venir des Pyrénées-
Orientales, une cinquantaine de crossettes de Maccabeo;
mais, probablement peu soignées avant leur départ,
elles m'arrivèrent desséchées : cinq à six seulement
réussirent. J'en fis demander l'année suivante dans

la plus riche pépinière des départements du midi, désirant en avoir en nombre suffisant pour essayer plus tard le produit de sa récolte. Après quatre ans d'attente, les ceps provenant du dernier envoi me donnèrent des raisins noirs, que je reconnus pour être du Mataro ; ceux du Maccabeo sont d'un blanc-jaune. Sur quarante crossettes de Brachet (prononcez braquet), du comté de Nice, à peine s'en est-il trouvé dix à douze de véritables, et quel propriétaire moins ardent et moins persévérant investigateur que je le suis, aurait pu faire cette distinction avec autant de certitude? Encore un exemple plus frappant: d'une centaine de crossettes, qui m'étaient venues sous le nom de Sciaccarello, j'ai découvert après quatre ans qu'il n'y avait que trois ceps auxquels fût applicable ce nom ; tout le reste était du Brustiano blanc, et il m'a fallu encore deux ans pour obtenir cet éclaircissement de M. le préfet de la Corse, grâce à une troisième lettre recommandée par le ministre de l'intérieur. Une autre fois une expression inconsidérée, et peut-être même inconvenante, qui m'était échappée dans mon empressement trop vif de recevoir des plants annoncés depuis trois mois, me fit perdre les bienveillantes dispositions de notre ambassadeur à Turin, et le ballot, que son prédécesseur, M. de Barante, avait eu la bonté de faire composer pour moi, servit à chauffer la cuisine de M. de R***. Peut-être me dira-t-on, pourquoi vous échappe-t-il une expression inconvenante? Je répondrai que celui qui aura autant obtenu que moi au moyen de sa plume, dans une position aussi modeste et aussi retirée, me jette la pierre. Et encore, dois-je vous prévenir que vous aurez besoin de quelque sagacité pour apprécier à leur juste valeur les renseignements que vous obtiendrez. Vous n'aurez pas toujours l'avantage de trouver des correspondants d'un esprit éclairé, d'un jugement sûr, tels que mon correspondant de Nîmes, celui de... etc., et quelquefois vous aurez affaire à des esprits systématiques, d'une originalité qui consiste à ne pas penser comme tout le monde, à faire litière des opinions reçues pour en créer de nouvelles. Je ne veux pas poursuivre, pour éviter de désigner qui que ce soit, mais vous en trouverez comme cela. Il en est aussi qui ont des idées vagues et confuses, parce qu'ils ne se sont occupés que rarement de ce que vous leur demandez, en sorte qu'à tous leurs renseignements vous ferez bien d'ajouter le point interrogatif des botatanistes, qui exprime le doute.

Je m'arrête là, j'aurais trop à faire de signaler les négligences, les inepties ou la mauvaise foi des vignerons employés par les personnes généralement très-obligeantes auxquelles je me suis adressé, car il m'est arrivé bien rarement de trouver de l'indifférence. Je ne dois pas laisser ignorer cependant combien il m'a fallu de soins et de peines pour redresser les erreurs commises, et obtenir des renseignements propres à éclairer ma marche dans l'étude à laquelle je me livrais. Aussi n'ai-je pas été étonné que l'abbé Rozier y ait renoncé promptement, et que Bosc lui-même, qui était favorisé des secours du gouvernement, ait vu ralentir son ardeur, comme il en convient lui-même, à l'apparition d'une foule de difficultés qu'il n'avait pas prévues. « Quand on songe, dit Chaptal, aux » difficultés à vaincre pour réunir tant d'individus dont » chacun porte un nom différent dans chaque canton, aux » soins à prodiguer sans cesse, tant pour leur culture que » pour leur vraie désignation ; au zèle, au talent d'ob- » servation et à l'activité qu'exige une telle surveillance, » on est tenté de ne regarder un tel projet que comme un » beau rêve. » J'espère donc qu'au moins on me saura gré de la tentative, si le succès n'est pas au bout.

Dernières considérations sur l'importance d'une collection.

Sans doute je crois avoir tracé les caractères les plus saillants des cépages que j'ai décrits, ceux qui m'ont paru suffisants pour les faire reconnaître, et je ne doute pas que tout homme d'une sagacité commune, et habitué à voir de la vigne n'y parvienne facilement, du moins sur les lieux mêmes où j'ai fait mes observations. Toutefois je conviens avec M. de Ramatuelle auteur d'un mémoire sur les vignes de Saint-Tropez, que les caractères qui différencient chaque cépage, ne sont souvent pas assez tranchés pour qu'à leur simple description, on reconnaisse l'espèce de vigne à laquelle ils appartiennent. Je n'en regarde pas moins ainsi que lui un ouvrage d'ampélographie comme une chose utile ; mais j'attacherai encore plus d'importance, dans l'intérêt des progrès de l'industrie viticole, à une collection de vignes tenue par un homme consciencieux et d'une habileté acquise par une longue étude, surtout quand elle sera de la nature de celle que j'ai quelque raison de croire la plus précieuse qui soit au monde , par cela même qu'il n'y en pas qui ait été mieux étudiée. En conséquence, déjà parvenu à un âge où l'idée de la brièveté de la vie doit se présenter quelquefois à mon esprit, j'aurais vivement désiré laisser un jeune remplaçant , capable de suivre mes observations , d'en faire de nouvelles , et d'en communiquer les résultats au public ; mais je suis privé de cette consolation *. Cette perspective est d'autant plus fâcheuse et décou-

---

* Le ministre de l'agriculture n'a pas accueilli ma proposition par des raisons d'embarras de comptabilité. Le conseil général d'Indre-et-Loire, qui aurait dû regarder comme honorable et avantageux au département de posséder un musée viticole tout créé, a refusé, sur le rapport de M. P..., mandataire d'un canton qui est la Laponie de la Touraine , la modeste allocation annuelle de 100 fr., durant quinze années, à un jeune vigneron de mon choix, que j'aurais dressé aux observations, auquel j'aurais indiqué les moyens les plus simples d'en rendre compte, qui aurait été chargé en outre d'entretenir cette collection et d'en fournir gratuitement des plants à tous ceux qui en auraient adressé la demande d'une manière convenable.

Dans le même temps , le conseil général de l'Hérault, non-seulement accordait des fonds pour la création d'une collection pareille à celle dont j'offrais l'usage ; mais encore il sollicitait du ministre de l'agriculture l'allocation d'une somme de 2,000 fr., pour concourir au même but.

rageante que j'ai la conviction que, dans aucun établissement de ce genre, on n'a autant approché que
je l'ai fait de l'application des idées si justes de trois
hommes également remarquables par leurs lumières et
leur bon jugement, l'abbé Rozier, Delavaux de Bordeaux, et M. Lenoir de Paris, celui-ci auteur encore
vivant, du meilleur ouvrage sur la vigne et la vinification que nous devions à un chimiste. Le cours
de mes expériences est donc menacé d'une inter-
ruption, ou prochaine ou du moins peu éloignée,
et cette époque sera celle où le public aurait pu en tirer profit, où cette œuvre de dévouement, d'assiduité
de soins et de persévérance d'étude aurait pu produire
une moisson abondante.

Mon chapitre sur les vignes de la Hongrie étant terminé pour le moment, je le livre au public comme un à-compte sur la seconde partie de cet ouvrage. J'ai dit pour le moment, car celui où je pourrai le compléter par les observations que me fournira la culture soignée des plants de vigne que j'ai rapportés de ce pays dans mon vignoble, est trop éloigné pour ne pas préférer livrer les connaissances que j'ai acquises de leur valeur, telles que je les possède; on sait qu'il faut au moins trois ou quatre ans, pour que je puisse voir les fruits de ces plants de vigne.

Partie Technique.

⸱ROYAUME DE HONGRIE.

VIGNOBLES DE L'HEGY-ALLIA.

Nous allons commencer par les cépages les plus estimés dans l'*Hegy-Allia*, mots qui signifient pieds des
montagnes, dont tous les vins sont vendus sous la
dénomination de vin de Tokai, quoique ce mont ne
produise qu'une faible partie de ces vins, et qu'il y
en ait d'autres qui non-seulement le rivalisent, mais
qui en produisent même de supérieurs, tels que les
monts Mada, Tarczal, où est situé le meilleur vignoble
de l'empereur. Ainsi c'est une grande erreur, et que
j'ai vu soutenir avec fermeté, de croire que le vin de
Tokai ne doive son prix très-élevé qu'à sa rareté, et
que le vignoble, auquel sont dus les vins connus sous
le nom de Tokai, ne soit guère plus grand que le
clos Vougeot ou le petit vignoble de Constance. Le
pays qui le produit est de sept à huit lieues carrées de
surface, et environ le tiers de la superficie des trente-

quatre monts situés dans le comitat de Zemplén, dont Tokai fait le premier chaînon.

Mais il y a beaucoup de choix à faire, même sur le mont Tokai où la vigne appartenant en propre à l'empereur, qui en a également sur d'autres monts, ne doit sa supériorité qu'à sa bonne exposition et à sa situation intermédiaire sur le flanc du mont, de même que la vigne impériale sur le mont Tarczal, dont la qualité des produits est si parfaite, qu'elle en a reçu le nom de *Mezes-male* (rayon de miel), ne doit cette distinction qu'aux mêmes circonstances de position et aussi à la proportion bien combinée des plants qui la composent. Je crois à propos de rappeler que le mont Tokai est situé sous le 48ᵉ degré 10 minutes de latitude *, et non sous le 43ᵉ, comme on le dit dans la topographie de tous les vignobles, sans doute par erreur typographique.

Quoique l'auteur hongrois Szirmai de Zirma, dénomme une trentaine de cépages, et qu'il dise en connaître une soixantaine, cultivés dans le comitat de Zemplén, je ne parlerai que de ceux qui m'ont paru les plus dignes d'être introduits et propagés en France, par l'influence qu'ils ont sur la qualité des vins de cette région.

LE FURMINT, dont on fait quelquefois précéder le nom des mots *nagy-szemu* (à gros grains), mérite à tous

* Je ne sais pas si les plants de vigne sont d'une nature moins affectable de la rigueur de froid que les habitants du pays, mais je suis bien sûr que ces derniers y étaient beaucoup plus sensibles que le voyageur tourangeau.

égards d'être nommé le premier; c'est le nom sous
lequel il est le plus connu dans l'Hegy-Allia; il porte
celui de *Szigethy-Szœllœ* dans le comitat de Weszprim,
de *Zapfner* dans les vignobles de Rust et d'Œdenburg,
de Mösler-Traube en Syrie. Cette variété de noms fait
qu'il est mentionné dix à douze fois dans le catalogue
de M. Rupprecht de Vienne.

Le nom de Furmint, dit l'auteur hongrois déjà
cité, vient de *foro Minucii* des Latins, et du mot *formi*
des Italiens; la société académique de Debreczini le
fait aussi dériver de la région Formienne, appuyée
sans doute de ce passage d'Horace: « Mea nec fa-
lerna temperant vites, neque *formiani* pocula colles.»
Malgré ces autorités, cette étymologie ne me parait pas
bien certaine, et d'autant moins que la seconde lettre
n'est pas un *o*, comme il plaît aux Allemands de l'écrire,
mais un *u*.

Voyons d'abord ce que Szirmai en a dit [*] : « Il
produit des raisins doux, succulents, aromatiques,
plus disposés qu'aucun autre à laisser opérer sans al-
tération le dessèchement d'une partie des grains de la
grappe, (changement d'état que nos compatriotes appellent passeriller); nul cépage ne convient mieux au
sol de l'Hegy-Allia. » C'est une traduction libre, car son
ouvrage est en latin, et comme on pourrait avec raison
douter de mon habileté dans la langue latine, voici

[*] Notitia topographica, politica, etc., inclyti comitatûs zemplinensis.

ses propres mots : « *et ideò solis ardore maximè tor-*
reri solitas, soloque Hegy-Allia optimè congruentes
proferens. » — Ce cépage précieux avait été importé
au commencement de ce siècle par un Français rentré
dans sa patrie, M. de Villerase, dans les vignobles
de Beziers où il a très-bien réussi ; contemporainement
ou peu de temps après, il fut envoyé dans le département de l'Hérault par le général Maureilhan, et il s'est
répandu assez promptement dans plusieurs localités du
midi, et depuis 1835 en Touraine, où j'en possède
plus de deux cents souches.

Quoique ce cépage ait été fort bien décrit par le
docteur D***, dont je ne veux pas rompre l'anonyme,
puisqu'il lui plaît de le garder, lequel ayant écrit depuis une quinzaine d'années, aurait dû mettre un
terme aux erreurs de Bosc et de plusieurs grands hor-
ticulteurs de Paris, j'ai préféré suivre la description
qu'a bien voulu m'en donner épistolairement M. Baumes, du département du Gard, qui a su en obtenir une
liqueur, je veux dire un vin de dessert parfait. J'aurai soin toutefois de modifier quelques traits d'après mes
propres observations.

Sarments assez gros, noués, courts et généralement
érigés, de couleur grise dans la partie inférieure, et
sur quelques parties de la moitié supérieure de jaune-
fauve rayé de brun ; ces remarques sont faites lors
que le bois est mûr, comme pendant tout l'hiver. L'é-
corce était jaune-lisse et presque lustrée sur les sar-

ments qui me sont venus de l'Hérault ; elle était plus pâle sur ceux que j'ai apportés de l'Hegy-Allia et sur ceux des souches que j'ai depuis six ans. Feuilles le plus souvent entières, quelquefois légèrement trilobées, plus larges que longues, bien étoffées, d'un vert foncé à la face supérieure, très-cotonneuses à l'inférieure, avec les nervures très-saillantes. Je n'ai point remarqué qu'elles fussent recourbées vers leur pétiole, comme l'a dit le baron Dumontet d'après un auteur allemand, mais bien qu'elles se contournaient en dessus après les premières gelées, trait d'autant plus facile à remarquer qu'elles sont des dernières à tomber. Les raisins sont d'une longueur moyenne, plutôt cylindriques que coniques, grains peu serrés et très-inégaux, beaucoup étant avortés et les plus gros de 16 à 18 millimètres. A leur maturité ils sont pleins d'un suc très-doux, mais d'une saveur peu digne de leur valoir les honneurs de la table, et je n'en ai vu nulle part avec cette destination. Sur ce point je diffère de M. Baumes, qui les a trouvés d'un goût fin et agréable, de M. le docteur D***, qui les dit excellents, et même de M. C***, qui s'est contenté de l'expression *assez bons*. Quelques grains sont mûrs vers la fin d'août dans l'Hérault et le Gard, et la totalité de la grappe dans les premiers jours d'octobre; au pied des montagnes hongroises, on ne fait la récolte que vers la fin d'octobre et les premiers jours de novembre. La queue ou le pédoncule est frêle et fragile, et sur ce point je n'ai pas bien compris l'expression *durabili* de Szirmai, ou bien

il s'est trompé, car par cet état de fragilité du pédoncule opposé au mot *durabili*, la grappe est fort exposée
à être détachée du cep, même dans le Gard et l'Hérault,
où la chaleur devrait durcir davantage cette partie et la
rendre ligneuse.

M. Baumes attribue la faculté qu'ont les grains de
se passeriller à la piqûre des guêpes et des abeilles,
pour lesquelles cette espèce de raisin a un grand attrait.
La proportion des grains demi-desséchés ou *trokenbeer*
des Allemands est du quart au tiers dans le canton de
Saint-Gilles (Gard) ; elle était bien moindre aux vendanges, où j'ai assisté dans l'Hegy-Allia. Le même
M. Baumes, aussi habile docteur en œnotechnie qu'en
médecine, assigne pour limite à la densité du moût le
19ᵉ degré au gleucomètre de Chevalier; mais je crois que
la limite inférieure peut descendre jusqu'à 16 ; c'est du
moins le degré du moût avec lequel j'ai fait un vin de
dessert exquis en 1834 avec d'autres raisins. Le Furmint a une variété moins estimée, seulement parce
qu'elle ne donne pas de grains secs; c'est le....

Madarkas-Furmint ou Furmint des oiseaux; il est
aussi connu sous le nom de Holy-Agos. Son premier nom
annonce le goût très-vif des oiseaux et surtout des grives
pour cette variété; et elle est bien justifiée par la douceur
mielleuse de ses grains beaucoup plus petits que ceux de
l'espèce dont nous venons de parler. On en fait beaucoup
plus de cas dans d'autres vignobles qui ne produisent

que des vins secs. Nous en parlerons un peu plus loin sous les noms allemands de *Weiss honigler trauben.*

FÉJÉR-GOHÉR donne aussi des raisins très-doux qui tournent promptement en passerilles *nobilissimas,* dit Szirmai, c'est-à-dire de la plus haute qualité, et d'autant plus promptement que la maturité en est précoce, ainsi que l'indique son nom, qui signifie *blanc précoce,* et cependant son bourgeonnement est tardif. Ses grains sont également sujets à être sucés par les guêpes et les abeilles; aussi quelques propriétaires qui font beaucoup de cas de cette espèce la cultivent-ils à part pour la vendanger avant les autres. Elle a le tort d'être peu productive. Son bois l'hiver est blanchâtre rayé de brun-clair, et ses boutons sont des plus tardifs à s'ouvrir au printemps.

HARS LEVELU et non Hachat Lovolin, comme il est écrit dans l'ouvrage de Kerner sur les raisins, où il est du reste très-bien représenté. Ce nom, qui signifie à feuilles de tilleul, lui vient de la ressemblance des siennes avec celles de cet arbre. Ses grappes, qui sont très-longues et n'ont que peu d'épaisseur, à peu près cylindriques, sont clair-semées de grains ronds, et ont un aspect qui fait reconnaître facilement ce raisin. Le suc en est aussi très-doux, et ils fournissent presque autant de passerilles que le Furmint.

BALAFANT est une espèce voisine de ce dernier, selon de Zirma, car je n'ai pu saisir l'analogie qui existe entre eux dans les vignes de l'Hegy-Allia que j'ai visitées. Ses raisins ont les grains bien plus gros, de couleur jaune, très-ronds, très-écartés les uns des autres, et si transparents à leur maturité, qu'on peut en compter les pépins. Les feuilles de tous ces cépages sont cotonneuses en dessous, mais moins que celles du Furmint.

Leany (Nagy Szemu) et sa variété Apro Szemu Leany sont tous les deux à fruits d'une belle couleur jaune d'or à leur maturité, mais ils donnent très-peu de grains secs. On joint ordinairement au mot Leany celui de Szollo; alors le nom entier devient Nagy Szemu Leany-Szollo, c'est-à-dire raisin des filles à gros grains. Je ne l'ai pas suffisamment étudié pour en dire davantage.

Féjér-Szollo est très-multiplié dans les vignes de l'Hegy-Allia, peut-être trop, et cependant il ne donne pas de grains secs, mais il est très-fertile, et le mélange de son suc verdâtre fait bien avec celui des autres; du moins, on est bien aise de se le persuader. Il est très-facile à reconnaître, lors des vendanges, à la fleur ou pruine qui couvre ses grains et les fait paraître comme poudrés de blanc. Il est prudent d'en manger avec réserve, car ce raisin est fort relâchant; du reste, ce n'est qu'une petite privation, car il est fort médiocre comme raisin de table. Il a le dessous des feuilles aussi cotonneux que le Furmint. Ce qui me fait douter de sa qualité pour le vin, c'est que, à part les vins de liqueur dont quelques-uns sont excellents, le vin sec commun est généralement mauvais, et comme ce

cépage est en plus grande quantité que tous les autres,
son influence doit être plus marquée que la leur.

Muskataly, ailleurs Fégér Dinka : il est assez commun
dans quelques vignes, et je n'ai pu remarquer de différence avec notre Muscat blanc ordinaire ; seulement les
grains étaient moins gros et moins serrés, ce qui tient,
sans doute, à la différence de position et de culture, car
en Touraine nous ne l'avons guère qu'en espalier. On en
fait souvent du vin à part, mais dans aucun lieu, je n'en
ai bu qui rappelât le moelleux, le velouté de nos bons
vins Muscats du midi de la France ; et même dans la cave
de Mada, où j'ai bu le seul vin de Tokai qui fût digne de
sa réputation (il avait vingt ans), j'en fis la remarque au
propriétaire, M. Szemere Pàl. Ce vin était cependant spiritueux et très-parfumé, mais il était aussi d'une séche-
resse désappétente au point que, dans la cave de la Société
des propriétaires à Pesth, je laissai la moitié du petit verre
qu'on m'offrit, tant l'impression désagréable que j'en
éprouvai me fut difficile à recommencer. Son mélange en
faible proportion avec la vendange des précédents communique au vin qui en provient un bouquet fort agréable.
J'en ai apporté des crossettes, et il sera curieux de comparer sa végétation et ses résultats utiles avec ceux de
notre Muscat blanc de France.

On m'a fait connaitre encore d'autres cépages, entre autres le Barat-Tzin Szollo (raisin couleur de moine) dont les raisins m'ont paru avoir la plus grande ressemblance avec ceux de notre Malvoisie de Touraine ou Pinot gris de la Côte-d'Or ; mais il n'y est pas estimé ce qu'il vaut. Il est possible, à la vérité, qu'il y ait quelque différence ; car dans les grandes pépinières de France, notamment dans celle des frères Baumann, il y a un cépage du nom impropre de Tokai, assez commun même dans les vignes de l'Alsace et qui diffère un peu du Pinot gris. Alors ce serait vraiment là le Barat-Szollo ; mais on a grand tort de lui donner le nom de Tokai, car il y est rare ; ce nom conviendrait bien mieux au Furmint.

D'autres cépages dont on m'a fait goûter les raisins m'ont paru devoir être extirpés de ces vignobles, s'ils tiennent à conserver leur réputation, parce que les raisins n'atteignent pas habituellement leur dernier degré de maturité ; tels sont le Roszas, le Demjeny, le Fekete Ketskesetsü ; c'était le 29 ou 30 octobre que je les goûtais, et aucun n'était mûr. Mais j'ai souvent trouvé sur les tables et mangé avec plaisir le Féjér Ketsketsetsü qui a bien l'apparence de notre Panse des Bouches-du-Rhône, et il m'a semblé même d'un meilleur goût qu'elle, quoique la Panse soit plus dorée. Je ne sais pourquoi Kerner l'a appelé Gouais de Hongrie; car il n'a rien de commun avec notre Gouais de France.

Dans un article de M. Th. Fix, très-bien traduit de l'ouvrage allemand de Harkenfield et Diebl, on range et bien à tort parmi les meilleurs raisins de l'Hegy-Allia le Peytre Selymes ou Petersilien des Allemands, qui n'est autre que notre méprisable Cioutat, que nous aurions bien pu laisser à l'Autriche dont il porte aussi le nom ; j'en dirai autant du Féjér-Gerset, du Kiraly-Edes ou Doux-Royal, des Sardovany qui y sont trop rares pour que leur influence sur la qualité du vin ait été jamais remarquée. Le seul que j'ai eu le tort d'oublier, d'autant plus qu'il fournit beaucoup de grains secs, est le *Narankas;* mais je n'ai rien à en dire de plus, et j'ai le regret de n'en avoir pas apporté des plants.

———

Dans le comitat du Bihar on fait un vin blanc assez distingué, et qui porte le nom du plant dont il provient, avec le cépage nommé *Féjér-Bakator,* appelé aussi *Alfœldi* dans le pays d'au delà de la Theiss d'où il a été tiré. Ses grains sont ovales, d'un blanc jaunâtre, très-charnus, et cependant juteux. Il a une variété à raisins rouges (Granat-Tzin) qu'on peut se procurer dans la pépinière des frères Baumann ; mais je ne crois pas qu'il concoure avec le blanc à la réputation du vin Bakator qui est un vin blanc sec, et encore moins le noir, s'il en existe un de cette couleur, comme il le paraitrait d'après le catalogue de Schams.

———

Le comitat de Komorn où est situé le vignoble remarquable de Neszmély, près des rives du Danube, nous offre quelques autres espèces précieuses en tête desquelles on doit placer le

Sar-Féjér (blanc de boue), prononcez Charfeïr, qui est bien probablement le Tokai du grand et bel ouvrage qui a pour titre le Nouveau Duhamel. Ses feuilles sont découpées assez profondément et cotonneuses en dessous. Ses raisins sont encore moins gros que ceux du Pinot gris, les grains aussi un peu plus petits et plus écartés. En hiver, le bois est d'une couleur cendrée, tandis que celui de notre Malvoisie est brun. Il est très-commun dans les vignobles situés près du lac Balaton ; sur ceux des rives du Danube et dans d'autres bons vignobles de la Hongrie ; mais il est fort rare dans le vignoble de Tokai et ceux de tout l'Hegy-Allia.

Budai-Féjér à Neszmély, Weiss Hœnigler dans les vignobles de Bude, Bela okrugla Ranka (blanc rond précoco) dans le duché de Sirmie ; il est connu aussi en Allemagne, sous les noms de FRUH WEISS MAGDALENEN. Il jouit d'au moins autant d'estime que le précédent. Ses grains sont plutôt jaunes que blancs, d'une saveur mielleuse, presque transparents et d'une maturité hâtive. Le vin qu'il donne dans un sol convenable peut le disputer au vin muscat par son goût aromatique.

SZOLD-SZOLLO (vert raisin), SZEMENDRIANER aux vignobles de Versecs, MAGYARKA au Bannat, VELIKA SZELENA ou SZELENIKA en Sirmie. Ses grains sont olivoides plutôt qu'ovoïdes, assez gros, verts, serrés à la grappe, le suc doux et abondant, mais d'un goût médiocre. Ce raisin mûrit tard ; mais on en fait cas, parce qu'il résiste bien aux pluies de l'automne. Je suis porté à le croire le même que l'Orleaner ou gros Riesling du Rhingau.

———

Il faut joindre aux précédents le FÉJÉR SZOLLO et le FÉJÉR GOHÉR dont nous avons déjà parlé, ainsi que les deux suivants :

Le BELA SLAKAMENKA et le BELA KADARKA qui concourent aussi à la composition des meilleurs vins blancs de la Hongrie ; ainsi que le Modu ou Juh Farka ou Grün-Ramzann qui est le Langstaengler des Allemands.

CÉPAGES A VIN ROUGE.

Je n'ai encore parlé que de cépages à raisins blancs, car quoique le *Sar Féjér* soit rougeâtre, son nom même qui signifie blanc de bouc annonce qu'on le classe parmi les blancs.

Quand j'ai été sur les lieux, je me suis trouvé de l'avis de ceux qui avaient fourni des renseignements à l'auteur de la *Topographie de tous les vignobles*, ouvrage qui sera longtemps ce que nous avons de plus exact et de plus instructif sur ce sujet, et j'ai préféré les vins rouges aux blancs, soit comme vins de liqueur, soit comme vins d'ordinaire; mais quant à leur salubrité, et même à leur agrément, j'ai trouvé une grande supériorité dans nos meilleurs vins de France; car leurs vins d'ordinaire sont fort échauffants, et n'excitent guère l'appétence de leur consommation; ils vous infiltrent la lassitude plutôt que la gaieté; aussi, dans une salle à manger, les buveurs d'eau sont-ils quelquefois en majorité.

Il n'y a, du reste, aucun rapport entre les vins hongrois d'ordinaire et nos vins de Bourgogne. Cette erreur de M. Julien n'a sûrement pas été commise par lui sur dégustation préalable, mais sur le dire de ses correspondants.

Quant aux vins de liqueur, on en boit si peu, que leur

effet est inaperçu, et que les propriétaires sont rebutés d'en faire par le défaut de vente. J'ai déjà parlé du vin de Tokai qui est blanc ; je vais parler d'un vin de liqueur rouge fort distingué, quoique sans réputation dans notre pays. C'est le vin produit dans les vignobles voisins d'une petite ville nommée Menes (prononcez Menesch) ; il est moins spiritueux que le Tokai vieux, mais plus riche en bouquet et en sève ; on en fait aussi en Sirmie et dans les vignobles d'Erlau et de Gyorok. Comme ce sont les mêmes cépages qui servent à la fabrication des vins d'ordinaire et pour celle des vins de liqueur, je ne vais parler que d'un très-petit nombre dont la bonne qualité est bien reconnue et solidement établie.

Le CZERNA (noir) *ou* FEKETE-KADARKAS, est sans contredit le premier de tous ; aussi les Allemands le nomment-ils EDEL-HUNGAR-TRAUBE (raisin noble de Hongrie), qui porte aussi le nom de raisin noir de Scutari. C'est le seul de cette couleur qui donne des baies sèches ou trokenbeers. A cette précieuse propriété se joignent d'autres qualités qui concourent également à le placer au premier rang, la belle couleur qu'il communique au vin et son arome agréable. Le plant croît rapidement et produit dès la troisième année ; enfin le cep est aussi peu sensible au froid que sa fleur aux variations de la température. Ses raisins, de forme conique, assez serrés, médiocrement gros, mûrissent de bonne heure, et une partie de leurs grains se passerillent promptement.

Ils entrent pour les trois quarts dans la composition du vin de Menes.

Un Allemand du nom de Schams , auteur de plusieurs ouvrages , avait créé une très-belle collection de cépages à une demi-lieue de Bude , et il avait eu l'idée judicieuse de semer beaucoup de pépins de Kadarkas et avec succès, car j'en ai vu au moins une cinquantaine issus de ce semis ; malheureusement pour l'industrie viticole , cet homme qui était si dévoué à ses progrès nous a été enlevé au commencement de 1839 ; il serait digne d'une société d'agriculture de quelque pays viticole de demander une centaine de crossettes de Kadarkas , et une couple de celles de chacun des ceps du semis dont je viens de parler.

Torok-goher (turc précoce), ou Fekete-goher (noir précoce), est le plus estimé après le Kadarkas , et le plus cultivé des cépages à raisins rouges dans plusieurs vignobles , notamment dans celui de Gyon-gyos. Il a la grappe rameuse et lâche, les grains gros, ronds, de couleur bleue-foncée que nous appelons noire, à leur parfaite maturité. La chair ou pulpe est tendre , douce et succulente. La grappe est trop petite dans l'ouvrage de Kerner, et ce n'est pas ordinairement son défaut de diminuer les proportions.

Purscin ou Klein-Schwartz d'Ofen (petit noir de Bude), et aussi Schlehen-traube, dans le catalogue de M. Rupprecht. Il a des grains petits et luisants , dont le suc colore bien, mais n'est pas très-doux. Il sera curieux de pouvoir le comparer avec le Pinot noir luisant de la Saône et du Doubs.

BLAUER-AUGSTER a la grappe lâche, les grains de la forme d'une petite olive, très-écartés, d'un bleu-foncé; les pédicules des grains sont longs, minces et rouges.

CZERNA-OKRUGLA-RANKA (noir rond précoce) ou NOIR DE FRANCONIE. Il est surtout cultivé dans les vignobles de Sirmie, dont les vins rouges sont estimés et passaient pour les meilleurs de la Hongrie jusqu'à la moitié du 17e siècle, époque où sa réputation a cédé peu à peu à celle du vin de Tokai. J'ai quelques raisons de croire que ce cépage est le Pinot noir de Bourgogne.

FEKETE-KIRCSOSA. Je sais qu'on l'emploie aussi dans les meilleurs vignobles; mais je ne l'ai pas vu. Il est au nombre de ceux que j'avais demandés à M. Rupprecht de Vienne. Toutefois j'ai lieu de craindre, par des observations sur les individus composant l'envoi qu'il a eu l'obligeance de me faire gratuitement, que l'ordre qui règne dans sa collection n'égale pas la loyauté du possesseur; par exemple, j'ai déjà reconnu leur méprisable *Petersilien,* parmi ceux que j'ai reçus, et je ne l'avais certainement pas demandé.

Je possède aussi le *Noir de Versecs,* prononcez *Versitch,* vignoble le plus réputé du Bannat; je ne connais encore aucune particularité sur lui. Je terminerai ce ta-

bleau par l'indication de quelques raisins de table différents des nôtres, et qui ne sont pas sans mérite, tels
sont les

SZIRIFANDL ou ZIERFAHNDL, le rouge et le vert, mais
surtout ce dernier, dont je donnerai la description dans
ma seconde partie. Ils sont très-hâtifs et très-doux.

Le KETSKETSETSU blanc, ce mot signifie pis de chèvre;
Szirmai l'écrit ainsi, Kecsesecsu. On sert communément
ce raisin sur les tables, mais sa variété de couleur
noire lui est fort inférieure, parce qu'elle n'atteint pas sa
complète maturité. Les grains de ces deux sortes de
raisins sont gros et olivoïdes.— Je n'ai pas trouvé une
seule fois de nos bons Chasselas, ni sur les tables ni
sur l'étal des fruitières à Pesth, qui est la plus grande
ville de la Hongrie.

Quelques mots sur la taille des cépages.

Je n'ai pas parlé à l'article de chacun de ces plants
de la taille qui lui convient, parce que les vignerons
hongrois ont une manière uniforme pour tous, du
moins dans les vignobles à vin rouge que j'ai visités
près de Bude, et dans ceux de l'Hegy-Allia qui sont à
vin blanc, et ce sont les seuls que j'ai vus. Cette méthode consiste à laisser au cep deux têtes très-près de
terre, et à tailler le sarment que l'on garde sur chacune, très-court à deux yeux.

L'application qu'on en fait à tous les cépages remplit parfaitement les conditions que demandait un savant*, que je respecte trop pour le nommer en cette occasion, et qui, de même que bien d'autres, aurait voulu tout apprendre dans son fauteuil. Je dois ajouter cependant que dans les vignobles de Rust et d'Œdenburg, les vignerons font preuve de plus d'intelligence et de raisonnement, comme on peut le voir à l'article TAILLE de mon ouvrage sur la culture de la vigne et la vinification. Je donnerai dans la seconde édition de ce dernier ouvrage, sinon des règles précises et invariables, comme en demandait ce savant, du moins des indications suffisantes pour approprier la taille à chaque cépage selon ses dispositions naturelles : et l'on verra alors que les motifs qui nous décident à appliquer à chaque cep la taille que nous croyons lui convenir, n'est point une imitation servile de l'usage de la part des vignerons, comme on les en accuse communément, mais bien le résultat du raisonnement d'hommes éclairés et de bon sens.

On trouvera sans doute fort incomplet tout ce que j'ai dit sur les cépages les plus estimés dans les premiers vignobles de la Hongrie, à l'exception peut-être de l'article sur le Furmint, et je ne ferai pas difficulté d'en convenir. Mais qu'on veuille bien considérer les

* Dictionnaire d'Histoire Naturelle, article vigne (édition de Déterville).

difficultés qu'a éprouvées un homme qui ne savait aucune des langues du pays, et la limite étroite des secours qu'il pouvait se procurer, n'ayant pour interprète qu'un jeune homme plein de complaisance, à la vérité, mais tellement étranger à l'étude dont je m'occupais, qu'il m'a témoigné sa surprise de ce que je lui apprenais les noms des plants qui peuplaient les vignes de son père. Je prie donc les lecteurs de cette première partie de croire qu'une foule d'articles de la seconde seront traités avec plus de détails; et pour assurer cette promesse, je me décide à en donner quelques exemples pris sur des cépages de France, d'Espagne et d'Italie. Si parmi ceux dont j'ai fait choix, on en reconnaît un dont on a donné la description dans un bulletin de l'Hérault de 1840, je ne l'ai pas fait pour entrer en lice avec son estimable auteur; mais il m'a semblé qu'il était de quelque intérêt de mettre le lecteur à portée de comparer ce que deux observateurs, à 160 lieues l'un de l'autre, auront pu dire sur le même cépage.

FRANCE.

Le département de la Drôme, ou du moins un canton de l'arrondissement de Valence, le territoire de Tain où est situé le vignoble de l'Hermitage, produit des vins si distingués, qu'il sera curieux de connaître les cépages auxquels ils sont dus, d'autant plus qu'ils sont très-différents de ceux des autres vignobles du midi. Les vins rouges ne proviennent guères que d'un cépage, la petite Sirrah ; les blancs de trois ou quatre que nous dénommerons à leur article.

Sirrah (vignoble de l'Hermitage). Je l'écris de cette manière d'après M. de Bernardy, auteur de plusieurs mémoires, dans les annales de la société royale et centrale, et aussi parce que cette orthographe représente assez bien la prononciation ; c'est dire que je n'accepte pas l'étymologie de Schiras où de Syracuse, que lui ont donné quelques savants ampélologues. Ce plant peuple presque seul le célèbre vignoble de l'Hermitage, ainsi que tous ceux qui l'environnent, et dont le vin est vendu sous ce nom. Son bois pendant l'hiver a l'écorce grise, ou plutôt est comme couvert d'un voile gris, qui laisse apercevoir un fond brun; il est noué long, c'est-à-dire que ses yeux ou boutons sont très-éloignés. Les feuilles sont grandes, très-cotonneuses en dessous; les raisins sont allongés, cylindriques, assez bien garnis de grains noirs, égaux, peu serrés, un peu oblongs, parvenant facilement à une maturité complète. Le vin qu'on en obtient a beaucoup de corps et une riche couleur, ce qui le fait rechercher des commerçants de Bordeaux, pour en opérer le mélange avec ceux du pays. Quelques propriétaires ont même introduit la Sirrah dans les vignobles de la Gironde. Je sais qu'il a bien réussi près d'Avignon, car j'ai reçu quelques bouteilles de vin qui en était provenu et qui possédait ces deux qualités de corps et de couleur.

Ce cépage a une variété à grappes et grains plus gros et plus ronds, et qu'on appelle en conséquence la *grosse Sirrah*; elle est aussi plus fertile, mais le vin a moins de parfum et se conserve moins bien. On ne doit pas tailler celle-ci de même que l'autre; du moins je me suis bien trouvé de tailler la grosse à court bois, la petite à verge; cette indication est donnée du reste par la vigueur de végétation de cette dernière.

PORTUGAL

ET SES DÉPENDANCES.

MALVAZIA-GROSSA (ile de Madère et Haut-Douro), Malvagia-bianca (Toscane), Malvasia ou Vermantino (île de Corse).

La description et la figure qu'en a données Williams-John, dans les transactions horticulturales de Londres, ne me permettent pas de douter que ce ne soit bien la même que celle que je cultive depuis plusieurs années, la même aussi que celle si bien figurée dans Kerner *. Ses feuilles sont amples, profondément divisées, cotonneuses à blanc en dessous, caractère d'autant mieux tranché que le dessus est d'un vert-foncé. Les grappes sont belles mais rares, de forme conique; les grains gros, olivoïdes, d'environ 25 millimètres de long à Madère et dans d'autres pays méridionaux où les ceps sont isolés ou du moins fort éloignés; ici ils n'ont guères que 18 à 22 millimètres. C'est dans l'île de

---

* On peut voir cet ouvrage dans la belle bibliothèque de M. Benj. Delessert, qu'il a la générosité d'ouvrir au public, rue Montmartre, 168.

Corse le raisin le plus estimé pour la table et pour *pas-seriller* ou *pansir* (dessécher); il est également très-bon à manger en Touraine, où il mûrit bien mieux que la Panse musquée, ou Muscat d'Alexandrie, auquel il ressemble un peu par le volume et la forme de sa grappe et de ses grains. Partout où l'on en fait du vin il remplit cette destination avec le plus grand succès, et les vins de Malvoisie de Madère, de Lipari, de la Morée, de l'Archipel sont renommés depuis des siècles. Comme le cep a naturellement beaucoup de vigueur, et que les yeux ou boutons sont très-écartés, il est nécessaire de lui laisser une verge à la taille, ou mieux de le conduire en treille.

Il y a beaucoup de cépages du même nom, en Italie, en Espagne, dans nos départements du midi, et qui n'ont rien de commun avec celui-ci ; en Touraine, même, nous avons une Malvoisie de laquelle nous pouvons faire un vin exquis, c'est tout simplement le Pinot gris ou Burot des Bourguignons. — La Malvoisie de la Gironde et de Lot-et-Garonne est le cépage qui a le plus de rapport avec le Vermentino ; toutes ses parties, et surtout les grains du raisin, sont dans des proportions beaucoup moindres ; elle aura son article à part, ainsi que la *Malvasia rossa de l'Italie.*

Voici l'article sur ce cépage, inséré dans le bulletin de la société d'agriculture de l'Hérault ; il est de M. Cazalis-Allut, propriétaire dévoué aux progrès de l'industrie

viticole : « VERMENTINO (à grains blancs). Ce cépage nous
est venu de la Corse (par l'intermédiaire de la Dorée). Il
est productif et donne de bon vin. Par suite des rosées
abondantes de l'automne de 1838, et qui pourrissaient
les raisins, je fus obligé de cueillir le Vermentino le
5 octobre. Son moût donnait alors 4 degrés comme
celui de la plupart de nos autres raisins blancs. Je re-
marquai que ce vin se clarifiait, quoiqu'en pleine fer-
mentation, ce qui n'eut pas lieu pour le Leitan (lisez
Listan), ni pour les autres espèces vendangées à la
même époque et traitées de la même manière. Cette faculté du Vermentino, de se clarifier si promptement,
pourrait le rendre propre à la préparation des vins
mousseux. En Corse, on fait des raisins secs avec le
Vermentino, dont les grappes sont grosses et nombreuses. Le léger goût de Muscat de ce raisin me fait
supposer que son vin en vieillissant, acquerra un bouquet et un goût agréables. »

ESPAGNE.

Granaxa (Arragon), Arragonais (aux vignobles de Madrid), Grenache ou mieux Granache (Pyrénées-Orientales, Hérault, Gard); Rivos-Altos, Roussillon, Alicante (Var et Bouches-du-Rhône); Redondal (Haute-Garonne). C'est lui qui a fait la réputation de l'excellent vin rouge du camp de Carinena en Arragon, connu en France sous le nom de Grenache; et c'est de là qu'il a été tiré originairement, il n'y a guères plus de soixante ans. Il s'est répandu d'autant plus rapidement de ce côté-ci des Pyrénées et sur le littoral de la Méditerranée, qu'il réunit le double avantage de la fertilité et de la qualité, dans les sols du moins qui lui conviennent et sous les climats plus chauds que celui de la Touraine. Ses raisins en quantité notable dans une cuve, tel que le quart au moins de la vendange, communiquent au vin qui en provient un parfum et une finesse remarquables, une belle couleur aussi, mais qui ne se soutient pas; de rouge elle devient orangée après quelques années. Voilà des avantages qui sont importants sans doute, et dont la réunion est extrêmement rare; voyons ses défauts. Ce cépage est difficile sur la nature du sol et sa situation surtout, car il est fort sensible aux gelées du printemps, même dans le Var, et d'autant plus qu'il est des premiers à bourgeonner; il arrive même que dans les hivers rigoureux la bourre ou enveloppe des boutons ne les préserve pas de la gelée; et dans notre région centrale depuis vingt-six ans que je le cultive, je ne l'ai vu qu'une ou deux fois atteindre sa maturité normale. En outre, dans nos départements méridionaux (D. Simon n'en parle pas dans son excellent ouvrage), sa fécondité abrége sa durée; s'il produit dès la troisième année, on s'aperçoit dès la huitième de son dépérissement, et il est très-précipité dans les sols maigres. Tous ces torts ont amené le dégoût d'en renouveler les plantations. C'est du reste l'un des cépages les plus faciles à reconnaitre: nul n'a le bois plus gros à son insertion à la souche, et diminuant de grosseur plus rapidement; aussi se soutient-il bien et d'autant mieux qu'il est noué court. Une grande partie du sarment ne mûrit pas, ne s'aoûte pas, comme on dit en jardinage, et reste verte. Ses feuilles sont très-lisses sur les deux faces, et leur nuance est remarquable; elle contribue autant que le port du cep à établir son aspect propre qui le différencie de tous les autres à l'œil le moins exercé. Les grappes sont assez belles, coniques, d'une forme régulière; les grains peu serrés, oblongs, d'un noir un peu bleu. Le goût en est médiocre à la différence d'un *Alicante* de Tarn-et-Garonne, dont les raisins sont très-bons à manger; il donne dans quelques localité du midi un vin de liqueur aussi parfait, dit-on, que celui d'Espagne; mais pour s'en procurer, il ne faut pas s'adresser aux fabricateurs de vins de tous les pays.

Il a une variété à raisins blancs ou plutôt verts, qui est beaucoup plus rare et plus difficile encore à mûrir même dans le département du Gard. La grappe et les grains sont plus gros. Elle est particulièrement cultivée dans un canton des Pyrénées-Orientales, dans les vignobles de Rodès-en-Conflans; encore n'est-ce que par un très-petit nombre de propriétaires, parce qu'il faut attendre le vin trop longtemps pour qu'il soit à sa perfection; mais alors il est comparable à tout ce qu'il y a de plus exquis parmi les vins de liqueur les plus renommés.

Ces deux variétés de Granache étant également productives et difficiles à mûrir, il est indispensable de les tailler à court bois, même dans nos départements du midi. Quant au nombre de coursons ou brochettes, il sera en raison de la fertilité du sol et de la vigueur du cep si le sol a été engraissé, mais je ne pense pas qu'il doive jamais passer trois ou quatre.

ITALIE.

TREBBIANO (région médiale de l'Italie). Ce cépage vigoureux a des feuilles amples, la grappe cylindrique, les grains ronds, peu serrés et d'un blanc mat qui leur est propre et qui suffit pour distinguer ce raisin parmi beaucoup d'autres; placé dans un terrain froid, comme il l'est sur mon sol, son raisin mûrit difficilement. Il est, selon Petrus de Crescentiis, sénateur de Bologne, auteur d'un ouvrage publié en latin sous le titre *Opus ruralium commodorum*, et dans le langage de son traducteur, « à grains ronds, blancs et clair-semés, bréhaigne en sa jeunesse, mais porte largement en sa vieillesse; il fait moult noble vin qui bien se garde et est grandement renommé dans toute la Marche. » Ajoutons que le vin auquel le *Trebbiano* avait donné son nom, avait conservé sa réputation au siècle suivant sous le pontificat de Paul III, et que cet auguste amateur l'admettait de préférence sur sa table et en faisait grand cas, trouvant ce vin excellent, stomachique, savoureux et moelleux, ainsi que nous l'apprend l'auteur d'un mémoire sur les vins qui étaient alors consommés à Rome.

Il y a aussi en Toscane un cépage du nom de *Treb-*

biano di *Spagna* ou *Perugino* qui est fort différent de celui dont il est question : ses grains sont très-minces et très-allongés, aussi l'appelle-t-on *Pizzutello di Roma*, et à Marseille *Crochu*. Il est meilleur à manger qu'à faire du vin. Il est désigné dans mon catalogue sous le nom de Pizzutello.

PIÈCES

DONT L'INSERTION N'EST PAS AUTANT UN HORS-D'ŒUVRE QU'ELLE
PEUT LE PARAÎTRE, ET A LA FIN DESQUELLES ON TROUVERA
L'EXPLICATION DU BUT QUE JE ME SUIS PROPOSÉ
EN LES PUBLIANT.

La persévérance dans une utile et laborieuse carrière a besoin d'être soutenue
par l'estime des hommes au profit desquels on travaille, quand elle ne l'est pas
par ceux à qui leur position en fait un devoir.

————————•••••————————

LETTRE DE L'AUTEUR A M. LE MINISTRE
DE L'AGRICULTURE.

Un des résultats que je me proposais d'atteindre dans
la proposition que j'avais eu l'honneur de vous adresser
en 1839, et dont vous avez paru comprendre l'importance en daignant me charger d'une mission en Hongrie
dans l'intérêt des progrès de notre industrie viticole *,

* Je dois dire, pour sauver la responsabilité du ministre, d'avoir accueilli la proposition d'un homme d'une classe à laquelle on n'accorde
pas volontiers des témoignages de confiance, qu'elle était vivement appuyée, et par les motifs les plus honorables pour l'auteur, par deux
sociétés d'agriculture de la Gironde, par l'académie royale de Metz et la
société académique d'Indre-et-Loire ; en outre, par le préfet et deux
députés de la Gironde, et par un député d'Indre-et-Loire (M. Goüin).

me donne l'espoir que la publication d'un ouvrage d'ampélographie qui était un de ces résultats annoncés dans cette proposition, sera encouragée et facilitée par quelque faveur de votre part, du nombre de celles que la disposition des fonds destinés à l'encouragement de l'agriculture vous permet d'accorder. La première partie de cet ouvrage est prête à être livrée à l'impression, mais ma position retirée et mon inhabileté à l'industrie du placement de mes œuvres me feraient regarder comme une véritable faveur, votre promesse d'en prendre un certain nombre d'exemplaires, et pour acquérir encore plus de droits à votre consentement à cette demande, je m'engagerais à ne tirer l'édition qu'à deux cents exemplaires, en sorte que personne ne pourrait m'accuser d'en faire un objet de spéculation dans mon intérêt personnel. J'ai appris avec encore plus d'espoir du succès de mon recours à votre assistance, M. le ministre, qu'un de vos prédécesseurs avait souscrit pour une somme de 8,000 francs à un grand et important ouvrage d'histoire naturelle sur les insectes ampélophages; car mon ouvrage n'a pas seulement quelque rapport avec la vigne, elle en est elle-même l'objet principal et unique; et l'ayant soumis à l'examen de la société royale et centrale d'agriculture, qui m'a paru le jury le plus compétent pour le juger, il a obtenu son approbation unanime ou du moins le rapport extrêmement honorable pour l'auteur de la commission nommée à cet effet; enfin cette faveur ne fera pas une forte brèche au fond d'encouragement dont vous avez le droit de disposer, puisqu'elle ne distraira pas de ce fond la cinquantième partie du montant de la souscription accordée si justement au savant auteur de l'ouvrage que je viens de mentionner.

Daignez agréer l'assurance de mon profond respect, etc.

———

RÉPONSE DE M. LE MINISTRE.

Paris, le 10 mars 1841.

J'éprouve, Monsieur, le regret de ne pouvoir accueillir votre demande. L'insuffisance des fonds destinés à encourager l'agriculture, eu égard à l'étendue des besoins auxquels il doit satisfaire, ne m'en laisse pas le moyen.

Recevez, Monsieur, l'assurance, etc.

Le ministre de l'agriculture.

J'ai eu principalement pour but, en insérant ces lettres, de m'excuser auprès de plusieurs de mes correspondants qui m'ont fort engagé à publier mon ouvrage avec figures coloriées. Je m'en suis défendu par la considération des avances énormes que j'aurais à faire. Ils m'ont répliqué que je devais être assuré de la bienveillance de M. le ministre de l'agriculture et de ses abondants secours. Ils peuvent donc maintenant juger que la bienveillance de ce protecteur spécial de l'agriculture ne suffit pas si les moyens lui manquent. C'est probablement par suite de ce don de prévision dont est doué M. le président de la société d'agriculture de l'Allier, qu'il m'écrivait le 1er décembre 1840 : « Si le pouvoir suivait votre exemple généreux et donnait à la prospérité du pays une impulsion semblable à celle que vous avez réussi à produire, la France prendrait promptement un autre aspect. »

Je suis bien sûr que M. le ministre de l'agriculture n'a pas besoin de bon exemple pour bien agir, qu'il puise tous ces sentiments généreux dans son propre cœur ; aussi suis-je plus disposé à partager ses regrets sur l'ambarras de sa position qu'à former la moindre plainte de son refus.

J'ai pensé qu'il ne serait pas sans intérêt pour le public viticole de lui donner quelque idée de mes efforts pour assurer la conservation de ma collection de cépages en la mettant sous le patronage du conseil général, et d'y joindre les réflexions que le refus du conseil général avait inspirées aux chefs de la rédaction du Bulletin de la Société d'OEnologie, dont faisaient partie M. le baron de Cussy, M. Blanqui, auteur du *Dictionnaire de Commerce*, M. Stourm, auteur de plusieurs ouvrages, et membre de la chambre des députés, etc.

D'UNE COLLECTION DE CÉPAGES

ET

D'UN CONSEIL GÉNÉRAL.

(Article extrait du bulletin de la société d'Œnologie).

———•◦•———

Le *Bulletin d'Œnologie* a fréquemment occupé ses
lecteurs de la nécessité d'étudier les diverses variétés
de vignes qui croissent et fructifient non-seulement sur
le territoire français, mais encore dans d'autres con-
trées d'où il est plus facile qu'on ne le pense généralement d'importer plusieurs espèces qui finiraient par
s'acclimater chez nous. Nous avons démontré l'importance *des rénovations* sur grand nombre de vignobles :
ici, parce que le cépage est fatigué, usé, comme cela
s'observe pour beaucoup d'autres végétaux qu'on re-

nouvelle volontiers dans diverses branches de l'agriculture ; là, parce que les changements atmosphériques , effets plus ou moins contestés de mouvements encore inconnus de notre globe, ou bien les défrichements de forêts, frappent tous les ans de gelées destructives , des cépages trop délicats ; plus loin, parce que le vin doué de qualités précieuses manque de bouquet ou de sève que lui procurerait l'introduction de plants choisis avec discernement ; enfin, parce que dans plus d'un climat, les vins contractent des vices, en quelque sorte *de nature*, et perdent leur valeur par des altérations annuellement observées, ce qui indiquerait l'utilité d'un *nouveau régime*. L'expérience et la théorie sont d'accord en ce sens, et nous ne connaissons aucun cultivateur habitué à raisonner ses actes, qui ait jamais contesté l'utilité éventuelle des cépages non cultivés encore dans un canton, et qui puisse trouver mauvais que l'on essaie du moins leur influence. On n'attaque guère que la permanence des qualités d'une espèce, lorsqu'elle a été transportée d'un climat à un autre, et si l'objection est juste partiellement, elle ne saurait l'être, les faits les plus incontestables le prouvent d'une manière générale.

Nous avons loué le conseil général du Rhône, de la demande faite par lui d'une loi plus énergique contre la chasse au filet, chasse destructive des oiseaux qui eux-mêmes détruisent les insectes nuisibles à la vigne. Nous louerons également, nous remercierons le conseil général de l'Hérault pour un vote qui justifierait les observations précédentes, si quelqu'un pouvait ne pas y adhérer. Le produit des vignes de l'Hérault ne s'élève pas à moins de 40,000,000 de francs. Le Conseil cherchant les moyens les plus propres à encourager et améliorer cette brillante industrie, a été unanimement d'avis que ce qu'on pouvait faire de plus efficace serait d'établir une école générale de la vigne où seraient placées et étudiées les espèces indigènes et exotiques, en insistant sur des semis de pépins, pour fournir de nouvelles variétés, des expériences récentes les présentant comme exemptes quelquefois des inconvénients attachés aux anciennes espèces. On a demandé pour cet objet, une somme de deux mille francs au ministre, sur les fonds destinés aux encouragements à l'agriculture.

Mais, hélas! tout le monde ne pense pas ainsi. Il s'est trouvé un conseil général, formé cependant d'hommes graves et éclairés, animés, sans aucun doute, du désir de faire le bien, et d'être utiles en particulier au beau département qu'ils représentent; ce conseil, toutefois, a cru pouvoir refuser la somme annuelle de...... 100 fr.! Cent francs destinés à la conservation d'une des plus belles collections de vignes qui existent, et à assurer en quelque sorte sa perpétuité. Ici, il ne s'agissait pas, comme dans l'Hérault, de *créer* une école, de former à grands frais une collection qui a coûté énormément d'argent, de soins, de travaux, de recherches patientes et infatigables; il faut le répéter encore, la demande de

M. le comte Odart tendait uniquement à la *conservation*; il ne voulait pas qu'une telle œuvre pérît avec lui; son désir était que son musée viticole fît honneur au département d'Indre-et-Loire, et fût mis à la disposition de quiconque aurait pu y puiser.

Voici la demande adressée à M. le préfet, et que cet honorable administrateur a mise sous les yeux du conseil général :

A M. D'ENTRAIGUES,

PRÉFET DU DÉPARTEMENT D'INDRE-ET-LOIRE.

Monsieur le Préfet,

« Occupé depuis plus de trente ans à rechercher et à introduire les meilleures méthodes d'agriculture et à accroître le nombre des plantes utiles cultivées dans ce département, dont une entre autres, le chanvre de Piémont, est restée dans un canton que j'ai longtemps habité et en a doublé la richesse; membre pendant douze ans d'une société qui a pour devise *utile dulci*, et envers laquelle aucun autre n'a rempli ses devoirs avec plus de zèle au moyen des nombreux matériaux que j'ai fournis à ses annales, je ne viens pas solliciter

de récompense, pas même demander de secours pour
une œuvre de patience et de persévérance qui m'a paru
devoir être d'une utilité réelle pour tous les départements viticoles; je viens seulement vous proposer un
moyen d'assurer au public la jouissance des fruits d'un
long travail, la formation d'une collection des plants
de vignes des vignobles les plus renommés de l'Eu-
rope, et comme c'est un établissement qui me semble
faire honneur au département qui le possède, j'ai pensé
que le conseil général regarderait comme un devoir de
s'associer aux vues libérales du créateur de cet établissement, qu'on pourrait justement appeler un musée viticole. J'ai aussi eu la confiance en m'adressant à vous,
M. le préfet, qui êtes en même temps propriétaire d'un
clos de vigne fort distingué dans le département de
l'Indre, et protecteur spécial de la Société académique
d'Indre-et-Loire dont j'ai l'honneur de présider la section d'agriculture, que vous voudriez bien mettre tous
vos soins à faire accueillir ma proposition. Elle consiste
à faire, sur les fonds destinés à l'encouragement de
l'agriculture, une allocation annuelle de 100 fr. à un
jeune vigneron, probe et intelligent, que je désigne-
rais, à la condition qu'il cultiverait sous mon inspec-
tion les plants de vigne de ma collection, qu'il ferait
conjointement avec moi des observations que je rédi-
gerais, et même qu'il les continuerait après ma mort,
en les communiquant à la Société d'agriculture : en
outre, qu'il trierait, étiquetterait et emballerait, d'après

mon autorisation que je m'empresserais de donner pour
toute demande formulée convenablement, les sarments
de vigne des espèces demandées, lesquels sarments lui
seraient rétribués à raison de cinq centimes la pièce
(ils sont cotés dans les pépinières depuis 4 sous jusqu'à 20, et l'espèce est rarement celle que l'on dé-
sire. »

Agréez, etc.   Comte ODART.

La section d'agriculture du conseil, par l'organe de
M. Piscatory, son président, a fait la réponse suivante,
adoptée par le Conseil général, et publiée par les jour-
naux du département :

« Un second rapport s'applique à la demande d'une
allocation de 100 fr. adressée par M. le comte Odart,
pour traitement d'un auxiliaire destiné à l'aider dans
ses expériences de viticulture. La commission reconnaît
que M. le comte Odart a rendu d'incontestables ser-
vices à la culture théorique et pratique de la vigne ;
tous les amis des progrès utiles doivent à un agricul-
teur aussi distingué et aussi persévérant, une véritable
reconnaissance...... *Mais il a paru probable que, tendre
à la multiplicité des cépages, n'était pas se proposer un
but utile à la propriété ni à la production* (1). Le Cou-

(1) Que pense le département de l'Hérault de cette *probabilité ?*

seil général, qui ne saurait trop dire combien un zèle
semblable à celui de M. le comte Odart mérite d'éloges,
se voit forcé, à regret, d'après l'avis de la commission
et eu égard à l'exiguité de ses ressources financières,
de refuser l'allocation de cent francs demandée. »

Les réflexions se pressent en foule à la lecture de
cette réponse, ou plutôt de ce refus, dont la dureté
est rendue plus poignante encore par les éloges qui
l'accompagnent. Est-ce vraiment l'exiguité des ressources financières, ou l'exiguité de la somme qui a
retenu le Conseil? Et en admettant que les ressources
soient en effet très-minces, le Conseil ne pouvait-il s'a-
dresser au ministre qui a entre les mains 800,000 fr.
dont il ne sait trop que faire, demandant partout à
quoi il pourrait les employer? Mais sans doute ce haut
fonctionnaire croirait aussi *qu'il est probable que multiplier les espèces de vignes n'est pas utile à la propriété.*
Irait-on jusqu'à trouver probable aussi qu'il est inutile
de multiplier les espèces de fruits, de pommes de terre,
de betteraves, de chevaux, de bêtes à cornes, de mou-
tons?

Il semble que plus une opération importante offre
de simplicité, moins elle a de chances de succès de
la part du public, et même d'une réunion d'hommes
choisis par lui, et cette observation ne paraît point un
paradoxe aux yeux de ceux qui ont beaucoup vécu,
pour lesquels l'observation du cœur humain n'a pas
été perdue. En France, du moins, les choses se pas-

sent trop fréquemment ainsi, et tandis qu'ailleurs les
moindres améliorations tendant à la prospérité publique, sont honorées, encouragées, exaltées avec une sorte
d'orgueil national; chez nous, les dédains polis, les
éductions honnêtes, les refus courtois attendent l'homme
qui a une pensée haute et veut l'appliquer au profit de
tous. Etait-ce une récompense, une sorte de secours
que demandait l'honorable agronome? Non; c'était un
moyen simple, et cependant assuré, de faire partici-
per plus tard les cultivateurs au fruit de ses longs travaux dont l'importance est reconnue en si bon français
par M. Piscatory. S'agissait-il à la rigueur de *multiplier*
les cépages, ce qui d'ailleurs ne serait pas aussi inutile
que le pense la commission d'agriculture? Non, mais
d'étendre la connaissance de ceux qui existent, et de
les répandre dans les vignobles dont les propriétaires
voudraient en faire l'acquisition à des conditions bien
avantageuses! Il faut rendre justice à un corps savant
dont la compétence ne saurait être révoquée en doute,
et qui a été plus heureusement inspiré; la Société académique d'Indre-et-Loire avait appuyé déjà de sa vive
recommandation auprès du ministre du commerce, la
même demande adressée pour une année seulement.
Elle savait, comme le sait le Conseil général, comme
M. le ministre de l'agriculture pourrait le savoir, que la
création d'un établissement semblable avait été conçue
par Chaptal et décidée par son successeur M. de Cham-
pagny, qui en confia la direction au savant Bosc, avec

des appointements de 3,000 francs. Pendant dix-huit ans de durée, il en coûta à l'empire et à la restauration plus de 60 mille francs, et cela sous le climat de Paris, c'est-à-dire dans les conditions les plus fâcheuses qui se puissent trouver pour la vigne. Un ministre de l'intérieur (FRANÇOIS DE NEUFCHATEAU), de quelques années leur prédécesseur, avait réclamé, dans les notes au théâtre d'agriculture d'Olivier de Serres, une récompense nationale pour celui qui aurait importé avec succès, en France, des plants de vignes étrangers. Croit-t-on qu'il y ait eu progrès dans les vues de l'administration ?

L. L.

FIN.

TABLE DES MATIÈRES.

PARTIE TECHNIQUE.

ROYAUME DE HONGRIE.

FRANCE.

PORTUGAL ET SES DÉPENDANCES.

ESPAGNE.

ITALIE.

FIN DE LA TABLE.

TOURS. — IMP. DE MAME.

www.ingramcontent.com/pod-product-compliance
Lightning Source LLC
Chambersburg PA
CBHW071157200326
41519CB00018B/5259